职业教育"十三五"
数字媒体应用人才培养规划教材

CorelDRAW

X8
微课版

平面设计应用教程

刘金婷 甄珠 ◎ 主编　　秦一博 赵景海 冉秋 ◎ 副主编

人民邮电出版社
北京

图书在版编目（ＣＩＰ）数据

CorelDRAW平面设计应用教程 / 刘金婷，甄珠主编
. -- 北京：人民邮电出版社，2021.4（2023.6重印）
职业教育"十三五"数字媒体应用人才培养规划教材
ISBN 978-7-115-55535-9

Ⅰ．①C… Ⅱ．①刘… ②甄… Ⅲ．①平面设计－图形
软件－职业教育－教材 Ⅳ．①TP391.412

中国版本图书馆CIP数据核字(2020)第247360号

内 容 提 要

CorelDRAW 是目前功能强大的矢量图形设计软件之一。本书对 CorelDRAW 的基本操作方法、图形图像处理技巧及在各个领域中的应用进行了全面的讲解。全书共分上、下两篇。上篇为基础技能篇，介绍 CorelDRAW X8 的基本操作，包括 CorelDRAW 的功能特色、图形的绘制和编辑、曲线的绘制和颜色填充、对象的排序和组合、文本的编辑、位图的编辑和图形的特殊效果。下篇为案例实训篇，介绍 CorelDRAW 在各个领域中的应用，包括插画设计、宣传单设计、Banner 设计、海报设计、书籍装帧设计、包装设计和 VI 设计等。

本书适合作为职业院校"CorelDRAW"相关课程的教材，也可供相关人员自学参考。

◆ 主　编　刘金婷　甄　珠

副 主 编　秦一博　赵景海　冉　秋

责任编辑　桑　珊

责任印制　王　郁　彭志环

◆ 人民邮电出版社出版发行　北京市丰台区成寿寺路 11 号

邮编　100164　电子邮件　315@ptpress.com.cn

网址　https://www.ptpress.com.cn

三河市兴达印务有限公司印刷

◆ 开本：787×1092　1/16

印张：19　　　　　　　　2021 年 4 月第 1 版

字数：480 千字　　　　　2023 年 6 月河北第 5 次印刷

定价：59.80 元

读者服务热线：(010)81055256　印装质量热线：(010)81055316
反盗版热线：(010)81055315
广告经营许可证：京东市监广登字 20170147 号

　　CorelDRAW 是矢量图形处理软件中功能非常强大的软件之一。目前，我国很多院校的数字媒体艺术类专业都将 CorelDRAW 作为一门重要的专业课程。为了帮助院校的教师全面、系统地讲授这门课程，使学生能够熟练地使用 CorelDRAW 来实现设计创意，我们几位长期从事CorelDRAW 教学的教师和专业平面设计公司经验丰富的设计师合作，共同编写了本书。

　　本书全面贯彻党的二十大精神，以社会主义核心价值观为引领，传承中华优秀传统文化，坚定文化自信，使内容更好体现时代性、把握规律性、富于创造性。

　　此次改版将软件版本升级为 CorelDRAW X8。本书具有完善的知识结构体系。在基础技能篇中，按照"软件功能解析 → 课堂案例 → 课堂练习 → 课后习题"这一思路进行编排，通过软件功能解析，使学生快速熟悉软件的功能和制作特色；通过课堂案例演练，使学生深入学习软件功能并且开拓艺术设计思路；通过课堂练习和课后习题，拓展学生的实际应用能力。在案例实训篇中，根据 CorelDRAW 应用的各个设计领域，精心安排了专业设计公司的 47 个精彩案例，通过对这些案例进行全面的分析和详细的讲解，使学生在学习过程中更加贴近实际工作，艺术创意思维更加开阔，实际设计制作水平进一步提升。本书在内容编写方面，力求细致全面、重点突出；在文字叙述方面，注意言简意赅、通俗易懂；在案例选取方面，强调案例的针对性和实用性。

　　为方便教师教学，本书配备了书中所有案例的素材及效果文件、操作步骤视频、PPT 课件、教学大纲等丰富的教学资源，任课教师可到人邮教育社区（www.ryjiaoyu.com）免费下载使用。本书的参考学时为 64 学时，其中实践环节为 30 学时，各章的参考学时见下面的学时分配表。

章	课程内容	学时分配	
		讲授	实训
第 1 章	CorelDRAW 的功能特色	2	0
第 2 章	图形的绘制和编辑	4	2
第 3 章	曲线的绘制和颜色填充	4	2
第 4 章	对象的排序和组合	2	2
第 5 章	文本的编辑	2	2
第 6 章	位图的编辑	2	2
第 7 章	图形的特殊效果	4	2
第 8 章	插画设计	2	4
第 9 章	宣传单设计	2	2
第 10 章	Banner 设计	2	2
第 11 章	海报设计	2	2

章	课程内容	学时分配	
		讲授	实训
第 12 章	书籍装帧设计	2	2
第 13 章	包装设计	2	2
第 14 章	VI 设计	2	4
学时总计		34	30

由于编者水平有限，书中难免存在不妥之处，敬请广大读者批评指正。

编　者

2023 年 5 月

教学辅助资源

资源类型	数量	资源类型	数量
教学大纲	1 套	课堂实例	36 个
电子教案	14 单元	课后实例	43 个
PPT 课件	14 个	课后习题答案	43 个

配套视频列表

章	视频微课	章	视频微课
第 2 章 图形的绘制和编辑	绘制旅行插画	第 7 章 图形的特殊效果	绘制日历小图标
	绘制风景插画		制作旅游公众号封面首图
	绘制计算器图标		绘制教育插画
	绘制收音机图标		绘制咖啡标志
	绘制卡通汽车		制作教育公众号封面首图
第 3 章 曲线的绘制和颜色填充	绘制 T 恤图案		制作阅读平台推广海报
	绘制送餐图标		制作俱乐部卡片
	绘制卡通小狐狸		制作家电广告
	绘制水果图标		制作特效文字
	绘制鲸鱼插画	第 8 章 插画设计	绘制家电 App 引导页插画
	绘制卡通形象		绘制旅游插画
第 4 章 对象的排序和组合	制作名片		绘制农场插画
	绘制汉堡插画		绘制家电插画
	制作中秋节海报		绘制卡通猫
	绘制灭火器图标		绘制游戏机
第 5 章 文本的编辑	制作女装 App 引导页		绘制咖啡馆插画
	制作美食杂志内页		绘制卡通绵羊插画
	制作女装 Banner 广告		绘制夏日岛屿插画
	制作咖啡招贴		绘制蔬菜插画
	制作台历	第 9 章 宣传单设计	制作招聘宣传单
第 6 章 位图的编辑	制作课程公众号封面首图		制作美食宣传单折页
	制作商场广告		制作舞蹈宣传单
	制作南瓜派对门票		制作化妆品宣传单

章	视频微课	章	视频微课
第9章 宣传单设计	制作文具用品宣传单	第12章 书籍装帧设计	制作极限运动书籍封面
	制作糕点宣传单		制作茶之鉴赏书籍封面
第10章 Banner 设计	制作 App 首页女装广告		制作探索书籍封面
	制作女鞋电商广告	第13章 包装设计	制作核桃奶包装
	制作手机电商广告		制作冰淇淋包装
	制作服装电商广告		制作婴儿奶粉包装
	制作家电电商广告		制作牛奶包装
	制作女包电商广告		制作化妆品包装
第11章 海报设计	制作文化海报		制作干果包装
	制作演唱会海报	第14章 VI 设计	迈阿瑟电影公司标志设计
	制作手机海报		迈阿瑟电影公司 VI 设计
	制作重阳节海报		制作企业名片
	制作招聘海报		制作企业信纸
	制作"双11"海报		制作五号信封
第12章 书籍装帧设计	制作美食书籍封面		制作传真纸
	制作旅行书籍封面		制作员工胸卡
	制作花卉书籍封面		

CONTENTS 目 录

目录 CONTENTS

目 录 CONTENTS

CONTENTS 目录

扩展知识扫码阅读

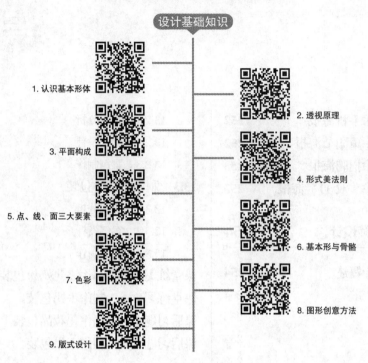

设计基础知识

1. 认识基本形体
2. 透视原理
3. 平面构成
4. 形式美法则
5. 点、线、面三大要素
6. 基本形与骨骼
7. 色彩
8. 图形创意方法
9. 版式设计

设计应用知识

1. 图标设计

图标的概念　　图标的设计流程　　图标的设计原则

图标的设计规范　　图标的风格类型

2.App 界面设计

App 的概念　　App 设计的流程　　App 设计的原则

iOS 系统设计规范　　Android 设计规范　　App 常用界面类型

3. 招贴广告设计

4. 电商网店设计

Photoshop 在电商中的应用　　淘宝店铺各模块图片尺寸及具体要求　　网店首页各元素的设计　　商品详情页面各元素设计

5. 书籍设计

6. 包装设计

7. 网页设计

上篇

基础技能篇

第 1 章
CorelDRAW 的功能特色

CorelDRAW X8 的基础知识和基本操作是软件学习的基础。本章主要讲解 CorelDRAW X8 的工作环境、文件的操作方法、版面的编辑方法和图形图像的基本知识。通过这些内容的学习，可以为后期的设计制作打下坚实的基础。

课堂学习目标

- ✔ 了解 CorelDRAW X8 的工作界面
- ✔ 掌握文件的基本操作方法
- ✔ 掌握版面设置的方法和技巧
- ✔ 理解图形和图像的基础知识

1.1　CorelDRAW X8 的工作界面

本节将简要介绍 CorelDRAW X8 的工作界面，以及菜单栏、标准工具栏、工具箱和泊坞窗。

1.1.1　工作界面

CorelDRAW X8 的工作界面主要由"标题栏""菜单栏""标准工具栏""属性栏""工具箱""标尺""调色板""页面控制栏""状态栏""泊坞窗"和"绘图页面"等部分组成，如图 1-1 所示。

标题栏：用于显示软件和当前操作文件的文件名，还可以调整 CorelDRAW X8 窗口的大小。

菜单栏：集合了 CorelDRAW X8 中的所有命令，并分门别类地放置在不同的菜单中，供用户选择使用。执行 CorelDRAW X8 菜单中的命令是基本的操作方式。

标准工具栏：提供了最常用的几种操作按钮，可使用户轻松地完成基本的操作任务。

属性栏：显示了所绘制图形的信息，并提供了一系列可对图形进行相关修改操作的工具。

工具箱：分类存放着 CorelDRAW X8 中常用的工具，这些工具可以帮助用户完成各种工作。使用工具箱可以大大简化操作步骤，提高工作效率。

标尺：用于度量图形的尺寸并对图形进行定位，是进行平面设计工作不可缺少的辅助工具。

绘图页面：指绘图窗口中带矩形边缘的区域，只有此区域内的图形才可被打印出来。

页面控制栏：可以创建新页面，并显示 CorelDRAW X8 中各文档页面的内容。

状态栏：可以为用户提供当前操作的各种提示信息。

泊坞窗：这是 CorelDRAW X8 的特色窗口，因它可以被放在绘图窗口边缘而得名。它提供了许多常用的功能，使用户在创作时更加得心应手。

调色板：可以直接对所选定的图形或图形边缘的轮廓线进行颜色填充。

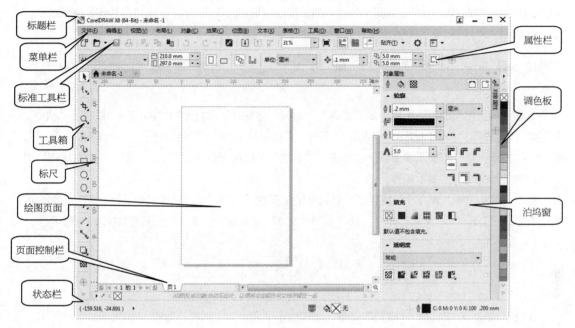

图 1-1

1.1.2　菜单栏

CorelDRAW X8 的菜单栏包含"文件""编辑""视图""布局""对象""效果""位图""文本""表格""工具""窗口"和"帮助"12 个大类，如图 1-2 所示。

文件(F)　编辑(E)　视图(V)　布局(L)　对象(C)　效果(C)　位图(B)　文本(X)　表格(T)　工具(O)　窗口(W)　帮助(H)

图 1-2

单击每一个菜单都将弹出下拉菜单。如单击"编辑"菜单，将弹出图 1-3 所示的"编辑"下拉菜单。

最左边为图标，它和工具栏中具有相同功能的工具一致，便于用户记忆和使用。

最右边显示的组合键则为操作快捷键，便于用户提高工作效率。

某些命令后带有▶标记，表示该命令还有子菜单，将光标停放在命令上即可弹出子菜单。

某些命令后带有...标记，单击该命令即可弹出对话框，允许对其进行进一步设置。

图 1-3

此外，"编辑"下拉菜单中有些命令呈灰色，表示该命令当前不可使用，需进行一些相关的操作后方可使用。

1.1.3　标准工具栏

在菜单栏的下方通常是工具栏，但实际上，工具栏摆放的位置可由用户决定。其实不单是工具栏如此，在 CorelDRAW X8 中，只要在各栏前端出现控制柄的，均可按用户自己的习惯进行拖曳摆放。CorelDRAW X8 的标准工具栏如图 1-4 所示。

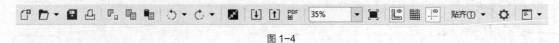

图 1-4

这里存放了常用的命令按钮，如"新建""打开""保存""打印""剪切""复制""粘贴""撤销""重做""搜索内容""导入""导出""发布为 PDF""缩放级别""全屏预览""显示标尺""显示网格""显示辅助线""贴齐""选项""应用程序启动器"。使用这些命令按钮，用户可以便捷地完成一些基本操作。

此外，CorelDRAW X8 还提供了一些其他的工具栏，用户可以在菜单栏中选择它们。例如，选择"窗口 > 工具栏 > 文本"命令，则可显示"文本"工具栏。"文本"工具栏如图 1-5 所示。

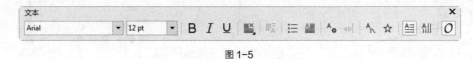

图 1-5

选择"窗口 > 工具栏 > 变换"命令，则可显示"变换"工具栏，如图 1-6 所示。

图 1-6

1.1.4　工具箱

CorelDRAW X8 的工具箱中放置着绘制图形时最常用到的一些工具，这些工具是每一个软件使用者必需掌握的。CorelDRAW X8 的工具箱如图 1-7 所示。

在工具箱中，依次分类排列着"选择"工具、"形状"工具、"裁剪"工具、"缩放"工具、"手绘"工具、"艺术笔"工具、"矩形"工具、"椭圆形"工具、"多边形"工具、"文本"工具、"平行度量"工具、"直线连接器"工具、"阴影"工具、"透明度"工具、"颜色滴管"工具、"交互式填充"工具和"智能填充"工具等。

其中，有些工具按钮带有小三角标记▲，表示还有拓展工具栏，将光标放在工具按钮上，按住鼠标左键即可展开。例如，将光标放在"阴影"工具上，按住鼠标左键将展开图 1-8 所示的拓展工具栏。此外，也可将其拖曳出来，变成固定工具栏，如图 1-9 所示。

图 1-7   图 1-8   图 1-9

1.1.5　泊坞窗

　　CorelDRAW X8 的泊坞窗是十分有特色的窗口。当打开这类窗口时，它会停靠在绘图窗口的边缘，因此被称为"泊坞窗"。选择"窗口 > 泊坞窗 > 对象属性"命令，或按 Alt+Enter 组合键，即可弹出图 1-10 右侧所示的"对象属性"泊坞窗。

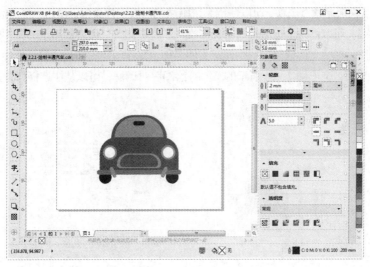

图 1-10

　　还可将泊坞窗拖曳出来，放在任意位置，并可通过单击窗口右上角的▶▶按钮或◀_按钮将窗口折叠或展开，如图 1-11 所示。因此，泊坞窗又被称为"卷帘工具"。

　　CorelDRAW X8 泊坞窗的列表位于"窗口 > 泊坞窗"子菜单中，可以选择"泊坞窗"子菜单中的命令，以打开相应的泊坞窗。用户可以打开一个或多个泊坞窗，当几个泊坞窗都被打开时，除了活动的泊坞窗之外，其余的泊坞窗将沿着泊坞窗的边缘以标签形式显示，如图 1-12 所示。

图 1-11 图 1-12

1.2 文件的基本操作

掌握一些基本的文件操作，是开始设计和制作作品的必要前提。下面将介绍 CorelDRAW X8 中文件的一些基本操作。

1.2.1 新建和打开文件

1. 使用 CorelDRAW X8 启动时的欢迎窗口新建和打开文件

CorelDRAW X8 启动时的欢迎窗口如图 1-13 所示。单击"新建文档"选项，可以建立一个新的文档；单击"从模板新建"选项，可以使用系统默认的模板创建文件；单击"打开最近用过的文档"选项下方的文件名，可以打开最近编辑过的图形文件，在右侧的"最近使用过的文件预览"框中显示选中文件的预览图，在"文件信息"框中显示文件名称、文件创建时间和位置、文件大小等信息；单击"打开其他"选项，弹出图 1-14 所示的"打开绘图"对话框，可以从中选择要打开的图形文件。

图 1-13

图 1-14

2. 使用命令和快捷键新建和打开文件

选择"文件 > 新建"命令或按 Ctrl+N 组合键，可新建文件。选择"文件 > 从模板新建"或"打开"命令，或按 Ctrl+O 组合键，可打开文件。

3. 使用标准工具栏新建和打开文件

使用 CorelDRAW X8 标准工具栏中的"新建"按钮 和"打开"按钮 可以新建和打开文件。

1.2.2 保存和关闭文件

1. 使用命令和快捷键保存文件

选择"文件 > 保存"命令，或按 Ctrl+S 组合键，可保存文件。选择"文件 > 另存为"命令，或按 Ctrl+Shift+S 组合键，可更名保存文件。

如果是第一次保存文件，在执行上述操作后，会弹出图 1-15 所示的"保存绘图"对话框。在对话框中，可以设置"文件路径""文件名""保存类型"和"版本"等保存选项。

2. 使用标准工具栏保存文件

使用 CorelDRAW X8 标准工具栏中的"保存"按钮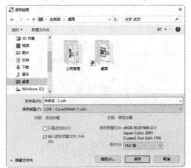可以保存文件。

3. 使用命令、快捷键或按钮关闭文件

选择"文件 > 关闭"命令，或按 Alt+F4 组合键，或单击绘图窗口右上角的"关闭"按钮，可关闭文件。

此时，如果文件未保存，将弹出图 1-16 所示的提示框，询问用户是否保存文件。单击"是"按钮，则保存文件；单击"否"按钮，则不保存文件；单击"取消"按钮，则取消保存操作。

图 1-15

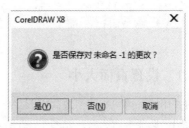

图 1-16

1.2.3 导出文件

1. 使用命令和快捷键导出文件

选择"文件 > 导出"命令，或按 Ctrl+E 组合键，弹出图 1-17 所示的"导出"对话框。在对话框中，可以设置"文件路径""文件名"和"保存类型"等选项。

2. 使用标准工具栏导出文件

使用 CorelDRAW X8 标准工具栏中的"导出"按钮可以将文件导出。

图 1-17

1.3 设置版面

利用"选择"工具属性栏可以轻松地对 CorelDRAW X8 的版面进行设置。选择"选择"工具，选择"工具 > 选项"命令，或单击标准工具栏中的"选项"按钮，或按 Ctrl+J 组合键，弹出"选项"对话框。在该对话框中选择"自定义 > 命令栏"选项，然后勾选"属性栏"复选项，如图 1-18 所示，再单击"确定"按钮，则可显示图 1-19 所示的"选择"工具属性栏。在属性栏中，可以设置纸张的型号、纸张的高度和宽度、纸张的放置方向等。

图 1-18

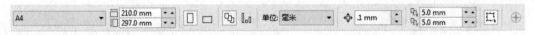

图 1-19

1.3.1 设置页面大小

利用"布局"菜单中的"页面设置"命令，可以进行更详细的设置。选择"布局 > 页面设置"命令，弹出"选项"对话框，如图 1-20 所示。

选择"页面尺寸"选项可以对页面大小和方向进行设置，还可设置分辨率、出血等选项。

选择"布局"选项时，"选项"对话框如图 1-21 所示，可从中选择版面的布局。

图 1-20

图 1-21

1.3.2 设置页面标签

选择"标签"选项，则"选项"对话框显示如图 1-22 所示，这里汇集了由 40 多家标签制造商设计的 800 多种标签格式，供用户选择。

1.3.3　设置页面背景

选择"背景"选项，则"选项"对话框显示如图 1-23 所示，可以从中选择纯色或位图作为绘图页面的背景。

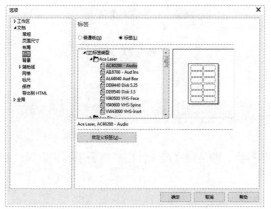

图 1-22　　　　　　　　　　　　　图 1-23

1.3.4　插入、删除与重命名页面

1. 插入页面

选择"布局 > 插入页面"命令，弹出图 1-24 所示的"插入页面"对话框。在该对话框中，可以设置插入页面的页码数、地点及页面大小和方向等选项。

在 CorelDRAW X8 页面控制栏的页面标签上单击鼠标右键，弹出图 1-25 所示的快捷菜单。在菜单中选择插入页面的命令，即可插入新页面。

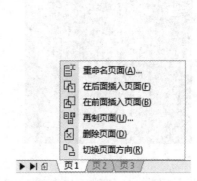

图 1-24　　　　　　　　　　　　　图 1-25

2. 删除页面

选择"布局 > 删除页面"命令，弹出图 1-26 所示的"删除页面"对话框。在该对话框中，可以设置要删除页面的序号，还可以同时删除多个连续的页面。

3. 重命名页面

选择"布局 > 重命名页面"命令，弹出图 1-27 所示的"重命名页面"对话框。在对话框的"页名"选项中输入名称，单击"确定"按钮，即可重命名页面。

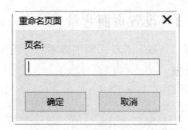

图 1-26   图 1-27

1.4   图形和图像的基础知识

如果想要使用好 CorelDRAW，就需要对图像的种类、颜色模式及文件格式有所了解和掌握。下面进行详细的介绍。

1.4.1   位图与矢量图

在计算机中，图像大致可以分为两种：位图和矢量图。位图效果如图 1-28 所示，矢量图效果如图 1-29 所示。通常将位图称为图像，将矢量图称为图形。

位图又称为点阵图，是由许多点组成的，这些点称为像素。许许多多不同颜色的像素组合在一起便构成了一幅图像。由于位图采取了点阵的方式，每个像素都能够记录图像的颜色信息，因而可以精确地表现色彩丰富的图像。但图像的色彩越丰富，图像的像素就越多（即分辨率越高），文件也就越大，因此处理位图图像时，对计算机硬盘和内存的要求也较高。同时，由于位图本身的特点，图像在缩放和旋转变形时会产生失真的现象。

图 1-28   图 1-29

矢量图是相对位图而言的，也称为向量图，它是以数学的矢量方式来记录图像内容的。矢量图中的图形元素称为对象，每个对象都是独立的，具有各自的属性（如颜色、形状、轮廓、大小、位置等）。矢量图在缩放时不会产生失真的现象，并且它的文件占用内存空间较小。矢量图的缺点是不易制作色彩丰富的图像，无法像位图那样精确地描绘各种绚丽的色彩。

这两种类型的图像各具特色，也各有优缺点，并且两者之间具有良好的互补性。因此，在图像处理和图形绘制的过程中，如果将位图和矢量图交互使用、取长补短，一定能创作出更加完美的作品。

1.4.2　颜色模式

CorelDRAW X8 提供了多种颜色模式。这些颜色模式把色彩协调一致地用数值表示出来。这些颜色模式是设计制作的作品能够在屏幕和印刷品上成功表现的重要保障。在这些颜色模式中，经常使用到的有 RGB 模式、CMYK 模式、HSB 模式、Lab 模式及灰度模式等。每种颜色模式都有不同的色域，用户可以根据需要选择合适的颜色模式，并且各个模式之间可以互相转换。

1. RGB 模式

RGB 模式是工作中使用很广泛的一种颜色模式。RGB 模式是一种加色模式，它通过红、绿、蓝3 种色光相叠加形成更多的颜色。同时 RGB 模式也是色光的颜色模式，一幅 24 位的 RGB 模式图像有 3 个色彩信息通道：红色（R）、绿色（G）和蓝色（B）。

每个通道都有 8 位的颜色信息：一个 0～255 的亮度值色域。RGB 模式中 3 种颜色的数值越大，颜色就越浅，当 3 种颜色的数值都为 255 时，颜色即为白色；3 种颜色的数值越小，颜色就越深，当3 种颜色的数值都为 0 时，颜色即为黑色。

每一种颜色都有 256 个亮度级别。3 种颜色相叠加，约有 1678 万（256×256×256）种可能的颜色。这 1678 万种颜色足以表现出这个绚丽多彩的世界。用户使用的显示器就是 RGB 模式的。

进入 RGB 模式的操作步骤：选择"编辑填充"工具，或按 Shift+F11 组合键，弹出"编辑填充"对话框，在对话框中单击"均匀填充"按钮，选择"RGB"颜色模式，然后设置 RGB 颜色值，如图 1-30 所示。

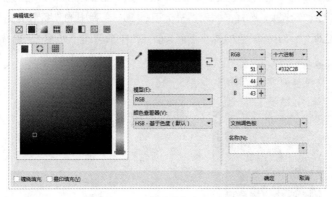

图 1-30

在编辑图像时，RGB 模式应是最佳的选择。因为它可以提供全屏幕多达 24 位的色彩范围，所以一些计算机领域的色彩专家称其为"True Color"（真彩显示）。

2. CMYK 模式

CMYK 模式在印刷时应用了色彩学中的减法混合原理，通过反射某些颜色的光并吸收另外一些颜色的光，来产生不同的颜色，是一种减色颜色模式。CMYK 代表了印刷上用的 4 种油墨：C 代表青色，M 代表洋红色，Y 代表黄色，K 代表黑色。CorelDRAW X8 默认状态下使用的就是 CMYK模式。

CMYK 模式是图片和其他作品印刷中最常用的一种模式。因为在印刷中通常要进行四色分色，出四色胶片，然后进行印刷。

进入 CMYK 模式的操作步骤：选择"编辑填充"工具，在弹出的"编辑填充"对话框中单击

"均匀填充"按钮■，选择"CMYK"颜色模式，然后设置 CMYK 颜色值，如图 1-31 所示。

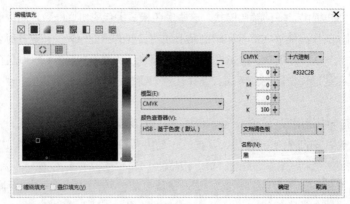

图 1-31

3. HSB 模式

HSB 模式是一种更直观的颜色模式，它的调色方法更接近人的视觉原理，在调色过程中更容易找到所需要的颜色。

H 代表色相，S 代表饱和度，B 代表亮度。色相的意思是纯色，即组成可见光谱的单色。红色为 0°，绿色为 120°，蓝色为 240°。饱和度代表色彩的纯度，饱和度为零时即为灰色，黑、白两种色彩没有饱和度。亮度是色彩的明亮程度，最大亮度是色彩最鲜明的状态，黑色的亮度为 0。

进入 HSB 模式的操作步骤：选择"编辑填充"工具，在弹出的"编辑填充"对话框中单击"均匀填充"按钮■，选择"HSB"颜色模式，然后设置 HSB 颜色值，如图 1-32 所示。

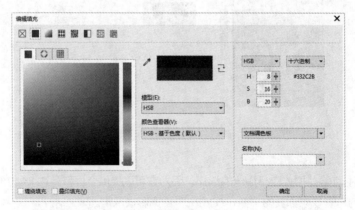

图 1-32

4. Lab 模式

Lab 模式是一种国际颜色标准模式，它由 3 个通道组成：一个是透明度，即 L；另外两个是色彩通道，分别是色相和饱和度，用 a 和 b 表示。a 通道包括的颜色从深绿色到灰色，再到亮粉红色；b 通道包括的颜色是从亮蓝色到灰色，再到焦黄色。这些颜色混合后将产生明亮的色彩。

进入 Lab 模式的操作步骤：选择"编辑填充"工具，在弹出的"编辑填充"对话框中单击"均匀填充"按钮■，选择"Lab"颜色模式，然后设置 Lab 颜色值，如图 1-33 所示。

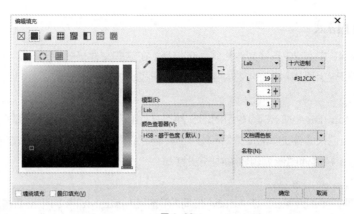

图 1-33

Lab 模式在理论上包括人眼可见的所有色彩，它弥补了 RGB 模式和 CMYK 模式的不足。在这种模式下，图像的处理速度比在 CMYK 模式下快数倍，与 RGB 模式的处理速度相仿，而且在把 Lab 模式转换成 CMYK 模式的过程中，所有的色彩不会丢失或被替换。事实上，将 RGB 模式转换成 CMYK 模式时，Lab 模式一直扮演着中介者的角色。也就是说，RGB 模式先转换成 Lab 模式，再转换成 CMYK 模式。

5. 灰度模式

灰度模式形成的灰度图又叫 8 位深度图。每个像素用 8 个二进制位表示，能产生 2^8 即 256 级灰色调。当彩色文件被转换为灰度模式文件时，所有的颜色信息都将从文件中丢失。尽管 CorelDRAW X8 允许将灰度文件转换为彩色模式文件，但不可能将原来的颜色完全还原。所以，当要转换灰度模式时，请先做好图像的备份。

像黑白照片一样，灰度模式的图像只有明暗值，没有色相和饱和度这两种颜色信息。0%代表黑，100%代表白。

将彩色模式转换为双色调模式时，必须先转换为灰度模式，再由灰度模式转换为双色调模式。在制作黑白印刷品时经常使用灰度模式。

进入灰度模式的操作步骤：选择"编辑填充"工具，在弹出的"编辑填充"对话框中单击"均匀填充"按钮，选择"灰度"颜色模式，然后设置灰度值，如图 1-34 所示。

图 1-34

1.4.3 文件格式

CorelDRAW X8 中有 20 多种文件格式可供选择。在这些文件格式中，既有 CorelDRAW X8 的专用格式，也有用于应用程序交换的文件格式，还有一些比较特殊的格式。

1. CDR 格式

CDR 格式是 CorelDRAW X8 的专用图形文件格式。由于 CorelDRAW X8 是矢量图形绘制软件，所以 CDR 格式可以记录文件的属性、位置和分页等。但它在兼容度上比较差，虽在所有 CorelDRAW 软件中均能使用，但在其他图像编辑软件中无法打开。

2. AI 格式

AI 格式是一种矢量图片格式，是 Adobe 公司的软件 Illustrator 的专用格式。它的兼容度比较高，可以在 CorelDRAW X8 中打开。CDR 格式的文件可以被导出为 AI 格式。

3. TIF 格式

TIF（TIFF）格式是标签图像格式。TIF 格式对于色彩通道图像来说是最有用的格式，具有很强的可移植性，它可以用于 PC、Mac 以及 UNIX 工作站三大平台，是这三大平台上使用最广泛的绘图格式。用 TIF 格式存储时应考虑到文件的大小，因为 TIF 格式的结构要比其他格式更复杂。TIF 格式支持 24 个通道，能存储多于 4 个通道的文件。TIF 格式非常适合用于输出和印刷。

4. PSD 格式

PSD 格式是 Photoshop 软件的专用文件格式。PSD 格式能够保存图像数据的细小部分，如图层、蒙版、通道等 Photoshop 对图像进行特殊处理的信息。使用 Photoshop 软件时，在没有最终决定图像的存储格式前，最好先以 PSD 格式存储。另外，Photoshop 打开和存储 PSD 格式的文件的速度较打开其他格式的文件更快。但是 PSD 格式也有缺点，存储的图像文件特别大、占用空间多、通用性不强。

5. JPEG 格式

JPEG 格式既是一种文件格式，也是一种压缩方案。它是 Mac 上常用的一种存储类型。JPEG 格式是压缩格式中的佼佼者，与 TIF 文件格式采用的 LZW 无损压缩相比，它的压缩比更大。但它采用的有损压缩算法会丢失部分数据。用户可以在存储前选择图像的质量，从而控制数据的损失程度。

6. PNG 格式

PNG 格式是用于无损压缩和在 Web 上显示图像的文件格式。它支持 24 位图像且能产生无锯齿状边缘的背景透明度，还支持无 Alpha 通道的 RGB、索引颜色、灰度和位图模式的图像。某些 Web 浏览器不支持 PNG 图像。

第 2 章
图形的绘制和编辑

图形的绘制和编辑功能是绘制和组合复杂图形的基础。本章主要讲解 CorelDRAW X8 的绘图工具和编辑命令，通过多个绘图工具和编辑功能的使用，可以设计制作出丰富的图形效果，而丰富的图形效果是优秀设计作品的重要组成元素。

课堂学习目标

- ✔ 掌握绘制几何图形的方法和技巧
- ✔ 掌握并灵活运用对象的编辑功能
- ✔ 掌握对象的造型方法和技巧

2.1 绘制几何图形

使用 CorelDRAW X8 的基本绘图工具可以绘制简单的几何图形。通过本节的讲解和练习，读者可以初步掌握 CorelDRAW X8 基本绘图工具的特性，为今后绘制更复杂、更优质的图形打下坚实的基础。

2.1.1 绘制矩形

"矩形"工具用于绘制矩形、正方形、圆角矩形和任意角度放置的矩形。

1. 绘制直角矩形

单击工具箱中的"矩形"工具▢，在绘图页面中按住鼠标左键不放，拖曳光标到需要的位置，松开鼠标左键，完成绘制，如图 2-1 所示。绘制矩形的属性栏如图 2-2 所示。

按 Esc 键，取消矩形的选取状态，效果如图 2-3 所示。选择"选择"工具▶，在刚绘制好的矩形上单击鼠标左键，可以选择矩形。

按 F6 键，快速选择"矩形"工具▢，可在绘图页面中的适当位置绘制矩形。

按住 Ctrl 键，可在绘图页面中绘制正方形。

按住 Shift 键，可在绘图页面中以当前点为中心绘制矩形。

按住 Shift+Ctrl 组合键，可在绘图页面中以当前点为中心绘制正方形。

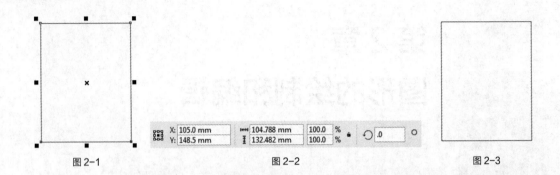

图 2-1　　　　　　　　　　图 2-2　　　　　　　　　　图 2-3

技巧

　　双击工具箱中的"矩形"工具□，可以绘制出一个和绘图页面大小一样的矩形。

2. 使用"矩形"工具绘制圆角矩形

　　在绘图页面中绘制一个矩形，如图 2-4 所示。在绘制矩形的属性栏中，如果先将"转角半径"后的小锁图标🔒选定，则改变"转角半径"时，4 个角的转角半径数值将进行相同的改变。设定"转角半径"🔲的值，如图 2-5 所示，按 Enter 键，效果如图 2-6 所示。

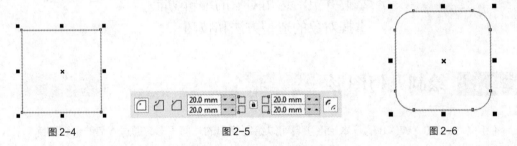

图 2-4　　　　　　　　　　图 2-5　　　　　　　　　　图 2-6

　　如果不选定小锁图标🔒，则可以单独改变一个角的转角半径数值。在绘制矩形的属性栏中，分别设定"转角半径"🔲的值，如图 2-7 所示，按 Enter 键，效果如图 2-8 所示。如果要将圆角矩形还原为直角矩形，可以将转角半径设定为"0"。

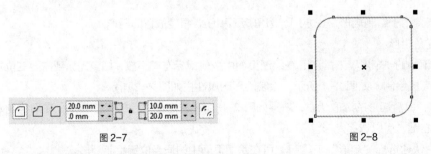

图 2-7　　　　　　　　　　　　　　　　图 2-8

3. 使用鼠标拖曳矩形节点绘制圆角矩形

　　绘制一个矩形。按 F10 键，快速选择"形状"工具，选中矩形边角的节点，如图 2-9 所示，按住鼠标左键拖曳矩形边角的节点，可以改变边角的圆滑程度，如图 2-10 所示。松开鼠标左键，圆角矩形的效果如图 2-11 所示。

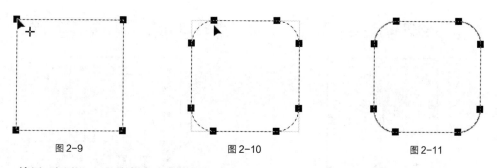

图 2-9　　　　　　　　　图 2-10　　　　　　　　　图 2-11

4.　使用"矩形"工具绘制扇形角图形

在绘图页面中绘制一个矩形，如图 2-12 所示。在绘制矩形的属性栏中，单击"扇形角"按钮，在"转角半径" 框中设置值为 20mm，如图 2-13 所示，按 Enter 键，效果如图 2-14 所示。

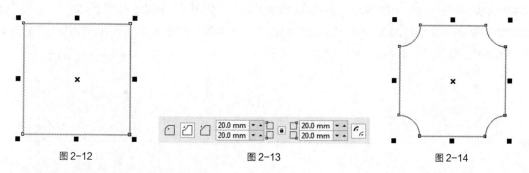

图 2-12　　　　　　　　　图 2-13　　　　　　　　　图 2-14

5.　使用"矩形"工具绘制倒棱角图形

在绘图页面中绘制一个矩形，如图 2-15 所示。在绘制矩形的属性栏中，单击"倒棱角"按钮，在"转角半径" 框中设置值为 20mm，如图 2-16 所示，按 Enter 键，效果如图 2-17 所示。

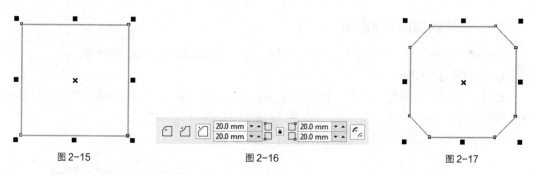

图 2-15　　　　　　　　　图 2-16　　　　　　　　　图 2-17

6.　使用相对角缩放按钮调整图形

在绘图页面中绘制一个圆角矩形，属性栏和效果如图 2-18 所示。在绘制矩形的属性栏中，单击"相对角缩放"按钮，拖曳控制手柄调整图形的大小，圆角的半径根据图形的调整进行改变，属性栏和效果如图 2-19 所示。

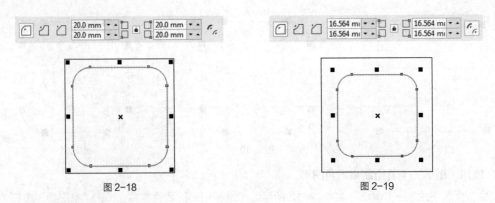

图 2-18　　　　　　　　　　　　　　　　图 2-19

7. 绘制任意角度放置的矩形

选择"矩形"工具□展开式工具栏中的"3 点矩形"工具⬚，在绘图页面中按住鼠标左键不放，拖曳光标到需要的位置，可绘制出一条任意方向的线段作为矩形的一条边，如图 2-20 所示；松开鼠标左键，再拖曳鼠标到需要的位置，即可确定矩形的另一条边，如图 2-21 所示；单击鼠标左键，矩形绘制完成，效果如图 2-22 所示。

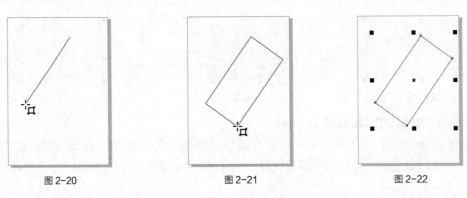

图 2-20　　　　　　　　　　图 2-21　　　　　　　　　　图 2-22

2.1.2　绘制椭圆形和圆形

"椭圆形"工具用于绘制椭圆形、圆形、饼形、弧线形和任意角度放置的椭圆形。

1. 绘制椭圆形和圆形

选择"椭圆形"工具○，在绘图页面中按住鼠标左键不放，拖曳光标到需要的位置，松开鼠标左键，椭圆形绘制完成，如图 2-23 所示。椭圆形的属性栏如图 2-24 所示。

按住 Ctrl 键，在绘图页面中可以绘制圆形，如图 2-25 所示。

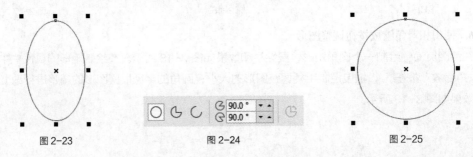

图 2-23　　　　　　　　　　图 2-24　　　　　　　　　　图 2-25

按 F7 键，快速选择"椭圆形"工具◯，可在绘图页面中适当的位置绘制椭圆形。

按住 Shift 键，可在绘图页面中以当前点为中心绘制椭圆形。

按住 Shift+Ctrl 组合键，可在绘图页面中以当前点为中心绘制圆形。

2. 使用"椭圆"工具绘制饼形和弧形

绘制一个圆形，如图 2-26 所示。单击"椭圆形"工具属性栏中的"饼图"按钮◔，如图 2-27 所示，可将圆形转换为饼形，如图 2-28 所示。

图 2-26   图 2-27   图 2-28

单击"椭圆形"工具属性栏中的"弧"按钮◠，如图 2-29 所示可将圆形转换为弧形，如图 2-30 所示。

图 2-29   图 2-30

在"起始和结束角度"中设置饼形和弧形的起始角度和结束角度，按 Enter 键，可以获得精确的饼形和弧形，效果如图 2-31 所示。

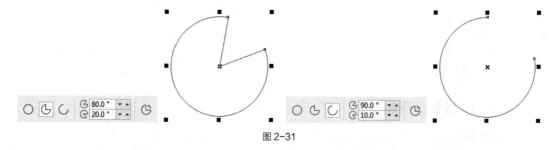

图 2-31

技 巧

椭圆形在选中状态下，在"椭圆形"工具属性栏中，单击"饼图"按钮◔或"弧"按钮◠，可以使图形在饼形和弧形之间转换。单击属性栏中的"更改方向"按钮◔，可以将饼形或弧形进行 180°的镜像。

3. 拖曳椭圆形的节点来绘制饼形和弧形

选择"椭圆形"工具 ⬭，按住 Shift 键，绘制一个圆形。按 F10 键，快速选择"形状"工具 ✎，单击轮廓线上的节点并按住鼠标左键不放，如图 2-32 所示，向圆形内拖曳节点，如图 2-33 所示。松开鼠标左键，圆形变成饼形，效果如图 2-34 所示。向圆形外拖曳轮廓线上的节点，可使圆形变成弧形。

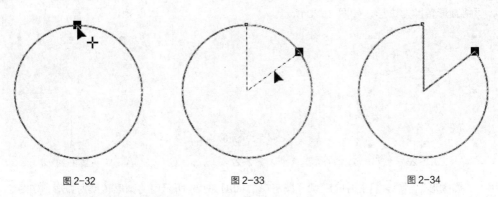

图 2-32   图 2-33   图 2-34

4. 绘制任意角度放置的椭圆形

选择"椭圆形"工具 ⬭ 展开式工具栏中的"3 点椭圆形"工具 ⬭，在绘图页面中按住鼠标左键不放，拖曳光标到需要的位置，可绘制一条任意方向的线段作为椭圆形的一个轴，如图 2-35 所示。松开鼠标左键，再拖曳光标到需要的位置，即可确定椭圆形的形状，如图 2-36 所示。单击鼠标左键，椭圆形绘制完成，如图 2-37 所示。

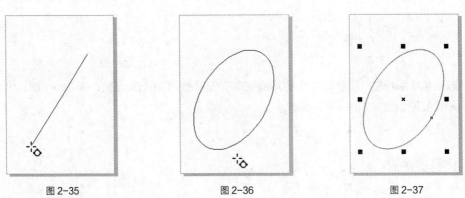

图 2-35   图 2-36   图 2-37

2.1.3　绘制多边形和星形

1. 绘制多边形

选择"多边形"工具 ⬠，在绘图页面中按住鼠标左键不放，拖曳光标到需要的位置，松开鼠标左键，多边形绘制完成，如图 2-38 所示。"多边形"属性栏如图 2-39 所示。

设置"多边形"属性栏中的"点数或边数" ⬠ 5 ⬍ 数值为 9，如图 2-40 所示；按 Enter 键，多边形效果如图 2-41 所示。

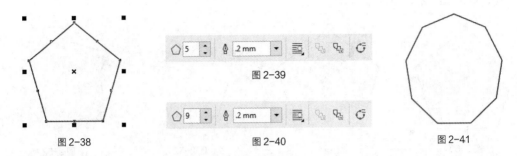

图 2-38　　　　　　　　图 2-39　　　　图 2-40　　　　　　　图 2-41

2. 绘制星形

选择"多边形"工具 ⬡ 拓展工具栏中的"星形"工具 ✦，在绘图页面中按住鼠标左键不放，拖曳光标到需要的位置，松开鼠标左键，星形绘制完成，如图 2-42 所示。"星形"工具属性栏如图 2-43 所示。设置"星形"工具属性栏中的"点数或边数" ✦ 5 数值为 8，"锐度" ▲ 53 数值为 30，如图 2-44 所示；按 Enter 键，星形效果如图 2-45 所示。

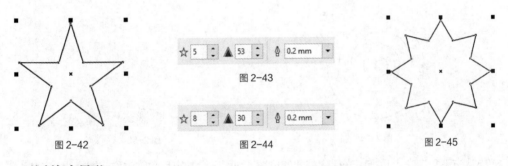

图 2-42　　　　　　　　图 2-43　　　　　　　图 2-44　　　　　　　图 2-45

3. 绘制复杂星形

选择"多边形"工具 ⬡ 拓展工具栏中的"复杂星形"工具 ✿，在绘图页面中按住鼠标左键不放，拖曳光标到需要的位置，松开鼠标左键，复杂星形绘制完成，如图 2-46 所示。其属性栏如图 2-47 所示。设置"复杂星形"工具属性栏中的"点数或边数" ✿ 9 数值为 12，"锐度" ▲ 2 数值为 4，如图 2-48 所示。按 Enter 键，多边形效果如图 2-49 所示。

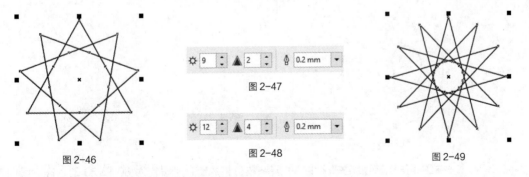

图 2-46　　　　　　　　图 2-47　　　　　　　图 2-48　　　　　　　图 2-49

4. 使用鼠标拖曳多边形的节点来绘制星形

绘制一个多边形，如图 2-50 所示。选择"形状"工具 ▸，单击轮廓线上的节点并按住鼠标左键不放，如图 2-51 所示，向多边形内或外拖曳轮廓线上的节点，如图 2-52 所示，可以将多边形改变为星形，效果如图 2-53 所示。

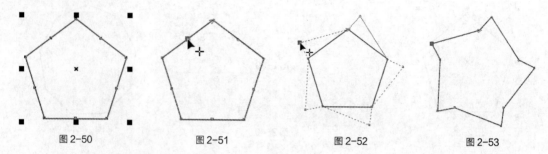

图 2-50   图 2-51   图 2-52   图 2-53

2.1.4 绘制螺旋线

1. 绘制对称式螺旋线

选择"螺纹"工具 ◎，在绘图页面中按住鼠标左键不放，从左上角向右下角拖曳光标到需要的位置，松开鼠标左键，对称式螺旋线绘制完成，如图 2-54 所示，属性栏如图 2-55 所示。

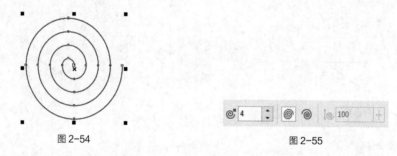

图 2-54   图 2-55

如果从右下角向左上角拖曳光标到需要的位置，则可以绘制出反向的对称式螺旋线。在 ◎ 4 框中可以重新设定螺旋线的圈数，绘制需要的螺旋线效果。

2. 绘制对数螺旋线

选择"螺纹"工具 ◎，在属性栏中单击"对数螺纹"按钮 ◎，在绘图页面中按住鼠标左键不放，从左上角向右下角拖曳光标到需要的位置，松开鼠标左键，对数式螺旋线绘制完成，如图 2-56 所示，属性栏如图 2-57 所示。

图 2-56   图 2-57

在 ◎ 100 框中可以重新设定螺旋线的扩展参数，将数值分别设定为 80 和 20 时，螺旋线向外扩展的效果如图 2-58 所示。当数值为 1 时，将绘制出对称式螺旋线。

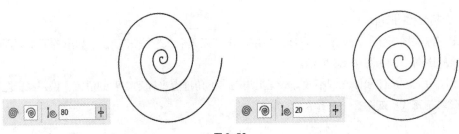

图 2-58

按 A 键，快速选择"螺纹"工具 ，可在绘图页面中适当的位置绘制螺旋线。

按住 Ctrl 键，在绘图页面中绘制正圆螺旋线。

按住 Shift 键，在绘图页面中会以当前点为中心绘制螺旋线。

按住 Shift+Ctrl 组合键，在绘图页面中会以当前点为中心绘制正圆螺旋线。

2.1.5 绘制基本形状

1. 绘制基本形状

单击"基本形状"工具 ，在属性栏中单击"完美形状"按钮 ，在弹出的下拉列表中选择需要的基本图形，如图 2-59 所示。

在绘图页面中按住鼠标左键不放，从左上角向右下角拖曳光标到需要的位置，松开鼠标左键，基本图形绘制完成，效果如图 2-60 所示。

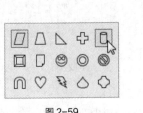

图 2-59

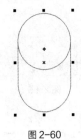

图 2-60

2. 绘制箭头图

单击"箭头形状"工具 ，在属性栏中单击"完美形状"按钮 ，在弹出的下拉列表中选择需要的箭头图形，如图 2-61 所示。

在绘图页面中按住鼠标左键不放，从左上角向右下角拖曳光标到需要的位置，松开鼠标左键，箭头图形绘制完成，如图 2-62 所示。

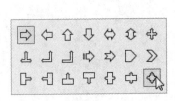

图 2-61

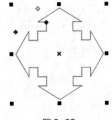

图 2-62

3. 绘制流程图图形

单击"流程图形状"工具 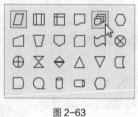，在属性栏中单击"完美形状"按钮 ⬚，在弹出的下拉列表中选择需要的流程图图形，如图 2-63 所示。

在绘图页面中按住鼠标左键不放，从左上角向右下角拖曳光标到需要的位置，松开鼠标左键，流程图图形绘制完成，如图 2-64 所示。

图 2-63

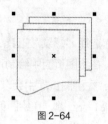

图 2-64

4. 绘制标题图形

单击"标题形状"工具 ，在属性栏中单击"完美形状"按钮 ，在弹出的下拉列表中选择需要的标题图形，如图 2-65 所示。

在绘图页面中按住鼠标左键不放，从左上角向右下角拖曳光标到需要的位置，松开鼠标左键，标题图形绘制完成，如图 2-66 所示。

图 2-65

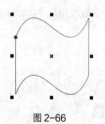

图 2-66

5. 绘制标注图形

单击"标注形状"工具 ，在属性栏中单击"完美形状"按钮 ，在弹出的下拉列表中选择需要的标注图形，如图 2-67 所示。

在绘图页面中按住鼠标左键不放，从左上角向右下角拖曳光标到需要的位置，松开鼠标左键，标注图形绘制完成，如图 2-68 所示。

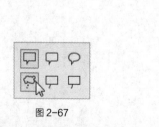

图 2-67

图 2-68

6. 调整基本形状

绘制一个基本形状，如图 2-69 所示。单击要调整的基本图形的红色菱形符号，并按住鼠标左键不放将其拖曳到需要的位置，如图 2-70 所示。得到需要的形状后，松开鼠标左键，效果如图 2-71 所示。

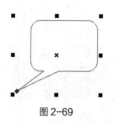

图 2-69

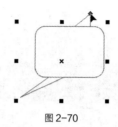

图 2-70

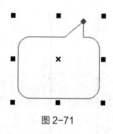

图 2-71

提 示

在流程图形状中没有红色菱形符号，所以不能对它进行调整。

2.1.6 课堂案例——绘制旅行插画

【案例学习目标】

学习使用多种几何绘图工具、"基本形状"工具、"螺纹"工具和"属性滴管"工具绘制旅行插画。

【案例知识要点】

使用"矩形"工具、"转角半径"选项、"形状"工具、"轮廓笔"工具、"属性滴管"工具绘制机身、机翼及螺旋桨；使用"基本形状"工具绘制圆环；使用"螺纹"工具绘制装饰图案；使用"2点线"工具、"椭圆形"工具和"变换"泊坞窗绘制云彩；旅行插画效果如图 2-72 所示。

【效果所在位置】

云盘/Ch02/效果/绘制旅行插画.cdr。

扫 码 观 看
本案例视频

扫 码 观 看
扩展案例

图 2-72

（1）按 Ctrl+N 组合键，弹出"创建新文档"对话框，设置文档的宽度和高度均为 100 mm，取向为纵向，原色模式为 CMYK，渲染分辨率为 300 像素/英寸，单击"确定"按钮，创建一个文档。

（2）选择"矩形"工具□，在页面中绘制一个矩形，如图 2-73 所示。在属性栏中将"转角半径"选项均设为 10.0 mm，如图 2-74 所示；按 Enter 键，效果如图 2-75 所示。

（3）单击属性栏中的"转换为曲线"按钮 ，将图形转换为曲线，如图 2-76 所示。选择"形状"工具 ，选中并向左拖曳右下角的节点到适当的位置，效果如图 2-77 所示。用类似的方法调整左下角的节点，效果如图 2-78 所示。

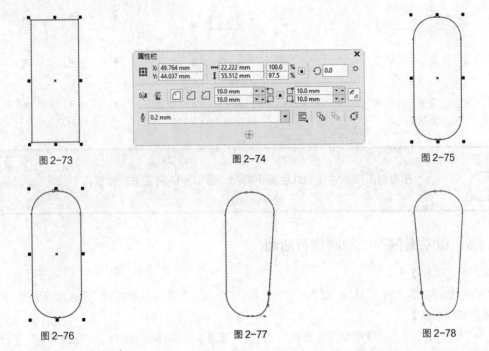

图 2-73 图 2-74 图 2-75

图 2-76 图 2-77 图 2-78

（4）选择"选择"工具 🔲，填充图形为白色；按 F12 键，弹出"轮廓笔"对话框，在"颜色"
选项中设置轮廓线颜色的 CMYK 值为 63、94、100、59，其他选项的设置如图 2-79 所示；单击"确
定"按钮，效果如图 2-80 所示。

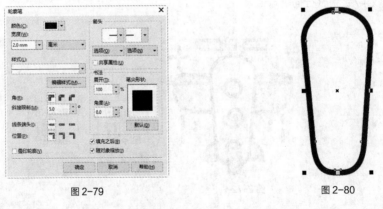

图 2-79 图 2-80

（5）选择"矩形"工具 🔲，在适当的位置绘制一个矩形，如图 2-81 所示。在属性栏中将"转角
半径"选项均设为 10.0 mm，按 Enter 键，效果如图 2-82 所示。

图 2-81 图 2-82

（6）按 F12 键，弹出"轮廓笔"对话框，在"颜色"选项中设置轮廓线颜色的 CMYK 值为 63、94、100、59，其他选项的设置如图 2-83 所示；单击"确定"按钮，效果如图 2-84 所示。

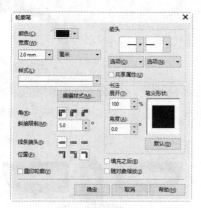

图 2-83

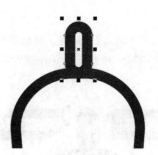

图 2-84

（7）保持图形选取状态。设置图形颜色的 CMYK 值为 43、20、0、0，填充图形，效果如图 2-85 所示。按 Ctrl+PageDown 组合键，将图形向后移一层，效果如图 2-86 所示。

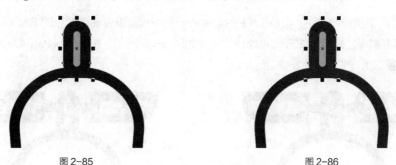

图 2-85　　　　　　　　　　　　　　　　　图 2-86

（8）选择"矩形"工具 □，在适当的位置绘制一个矩形，如图 2-87 所示。选择"属性滴管"工具 ✐，将光标放置在右侧圆角矩形上，光标变为 ✐ 图标，如图 2-88 所示。在圆角矩形上单击鼠标左键吸取属性，光标变为 ◇ 图标，在需要的图形上单击鼠标左键，填充图形，效果如图 2-89 所示。

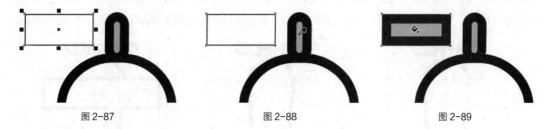

图 2-87　　　　　　　　　　图 2-88　　　　　　　　　　图 2-89

（9）选择"选择"工具 ▶，设置图形颜色的 CMYK 值为 29、6、14、0，填充图形，效果如图 2-90 所示。在属性栏中将"转角半径"选项设为 0 mm、0 mm、5.0 mm 和 0 mm，如图 2-91 所示；按 Enter 键，效果如图 2-92 所示。

图 2-90　　　　　　　　图 2-91　　　　　　　　图 2-92

（10）按数字键盘上的+键，复制图形。按住 Shift 键的同时，水平向右拖曳复制的图形到适当的位置，效果如图 2-93 所示。单击属性栏中的"水平镜像"按钮，水平翻转图形，效果如图 2-94所示。

图 2-93　　　　　　　　　　　　　　图 2-94

（11）选择"矩形"工具，在适当的位置绘制一个矩形，设置图形颜色的 CMYK 值为 63、94、100、59，填充图形，并去除图形的轮廓线，效果如图 2-95 所示。按 Shift+PageDown 组合键，将图形移至图层后面，效果如图 2-96 所示。

图 2-95　　　　　　　　　　　　　　图 2-96

（12）选择"矩形"工具，在适当的位置绘制一个矩形，如图 2-97 所示。选择"属性滴管"工具，将光标放置在下方圆角矩形上，光标变为图标，如图 2-98 所示。在圆角矩形上单击鼠标左键吸取属性，光标变为图标，在需要的图形上单击鼠标左键，填充图形，效果如图 2-99 所示。

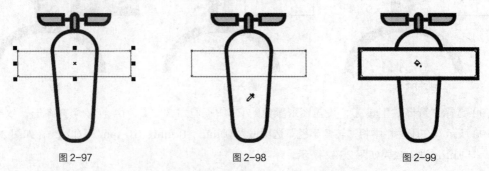

图 2-97　　　　　　　　图 2-98　　　　　　　　图 2-99

（13）选择"选择"工具，在属性栏中将"转角半径"选项设为 3.0 mm、3.0 mm、10.0 mm和 10.0 mm，如图 2-100 所示；按 Enter 键，效果如图 2-101 所示。

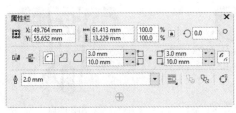

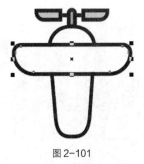

图 2-100 图 2-101

（14）保持图形选取状态。设置图形颜色的 CMYK 值为 43、20、0、0，填充图形，效果如图 2-102 所示。按 Shift+PageDown 组合键，将图形移至图层后面，效果如图 2-103 所示。

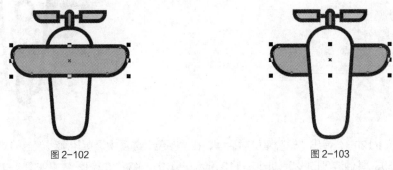

图 2-102 图 2-103

（15）按数字键盘上的+键，复制图形。选择"选择"工具 ，按住 Shift 键的同时，垂直向下拖曳复制的图形到适当的位置，效果如图 2-104 所示。设置图形颜色的 CMYK 值为 29、6、14、0，填充图形，效果如图 2-105 所示。用相同的方法分别绘制飞机尾部，效果如图 2-106 所示。

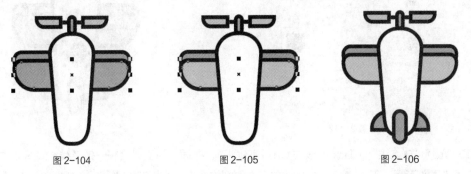

图 2-104 图 2-105 图 2-106

（16）选择"基本形状"工具 ，单击属性栏中的"完美形状"按钮 ，在弹出的下拉列表中选择需要的形状，如图 2-107 所示。按住 Ctrl 键的同时，在适当的位置拖曳鼠标绘制图形，如图 2-108 所示。设置图形颜色的 CMYK 值为 63、94、100、59，填充图形，并去除图形的轮廓线，效果如图 2-109 所示。

（17）选择"螺纹"工具 ，在属性栏中的设置如图 2-110 所示，按住 Ctrl 键的同时，在适当的位置绘制一条螺旋线，如图 2-111 所示。

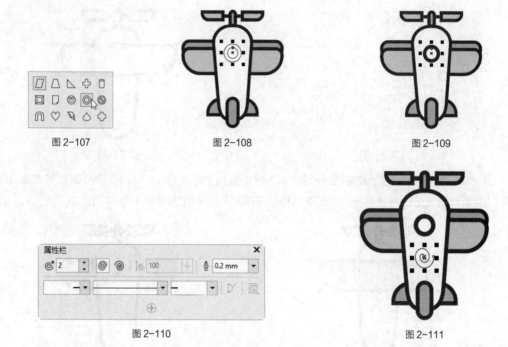

图 2-107   图 2-108   图 2-109

图 2-110   图 2-111

（18）按 F12 键，弹出"轮廓笔"对话框，在"颜色"选项中设置轮廓线颜色的 CMYK 值为 63、94、100、59，其他选项的设置如图 2-112 所示；单击"确定"按钮，效果如图 2-113 所示。

图 2-112   图 2-113

（19）选择"2 点线"工具 ，按住 Ctrl 键的同时，在适当的位置绘制一条竖线，如图 2-114 所示。选择"属性滴管"工具 ，将光标放置在右侧螺旋线上，光标变为 图标，如图 2-115 所示。在螺旋线上单击鼠标左键吸取属性，光标变为 图标，在需要的图形上单击鼠标左键，填充图形，效果如图 2-116 所示。

图 2-114   图 2-115   图 2-116

（20）选择"选择"工具 ，按数字键盘上的+键，复制竖线，按住 Shift 键的同时，垂直向下拖曳复制的竖线到适当的位置，效果如图 2-117 所示。向下拖曳竖线下端中间的控制手柄到适当的位置，调整竖线的长度，效果如图 2-118 所示。

（21）选择"椭圆形"工具 ，按住 Ctrl 键的同时，在适当的位置绘制一个圆形，设置图形颜色的 CMYK 值为 63、94、100、59，填充图形，并去除图形的轮廓线，效果如图 2-119 所示。

（22）按数字键盘上的+键，复制圆形。选择"选择"工具 ，按住 Shift 键的同时，垂直向下拖曳复制的圆形到适当的位置，效果如图 2-120 所示。

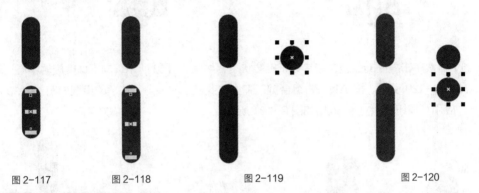

图 2-117   图 2-118   图 2-119   图 2-120

（23）用圈选的方法将竖线和圆形同时选取，如图 2-121 所示，按数字键盘上的+键，复制竖线和圆形。按住 Shift 键的同时，水平向右拖曳复制的竖线和圆形到适当的位置，效果如图 2-122 所示。

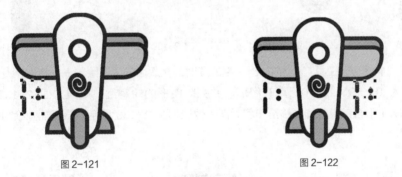

图 2-121   图 2-122

（24）单击属性栏中的"水平镜像"按钮 ，水平翻转图形，效果如图 2-123 所示。用圈选的方法将右侧竖线同时选取，如图 2-124 所示，单击属性栏中的"垂直镜像"按钮 ，垂直翻转竖线，效果如图 2-125 所示。

图 2-123   图 2-124   图 2-125

（25）选择"选择"工具 ，选取需要的竖线，如图 2-126 所示，按住鼠标左键向右上方拖曳竖线，并在适当的位置上单击鼠标右键，复制竖线，效果如图 2-127 所示。

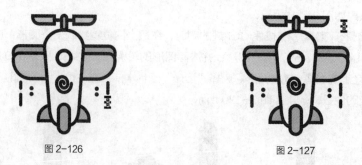

图 2-126　　　　　　　　　　　　　　　图 2-127

（26）再次单击复制的竖线，使其处于旋转状态，如图 2-128 所示，向下拖曳旋转中心至适当的位置，如图 2-129 所示。按 Alt+F8 组合键，弹出"变换"泊坞窗，选项的设置如图 2-130 所示，再单击"应用"按钮 应用 ，效果如图 2-131 所示。

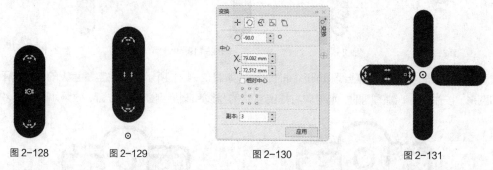

图 2-128　　　　　图 2-129　　　　　　　图 2-130　　　　　　　　图 2-131

（27）选择"椭圆形"工具 ，按住 Ctrl 键的同时，在适当的位置绘制一个圆形，设置图形颜色的 CMYK 值为 0、19、13、0，填充图形，并去除图形的轮廓线，效果如图 2-132 所示。按 Shift+PageDown 组合键，将圆形移至图层后面，效果如图 2-133 所示。旅行插画绘制完成，效果如图 2-134 所示。

图 2-132　　　　　　　　图 2-133　　　　　　　　图 2-134

2.2　对象的编辑

在 CoreIDRAW X8 中，可以使用强大的图形对象编辑功能编辑图形对象，其中包括对象的多种选取方式，对象的缩放、移动、镜像、复制、删除以及调整。本节将讲解多种编辑图形对象的方法和技巧。

2.2.1　对象的选取

在 CorelDRAW X8 中，新建一个图形对象时，一般图形对象呈选取状态，在对象的周围出现圈选框，圈选框是由 8 个控制手柄组成的，对象的中心有一个"×"形的中心标记。对象的选取状态如图 2-135 所示。

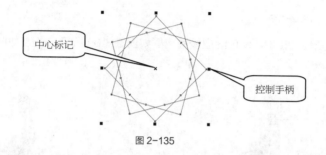

图 2-135

 提 示　　在 CorelDRAW X8 中，如果要编辑一个对象，首先要选取这个对象。当选取多个图形对象时，多个图形对象共有一个圈选框。要取消对象的选取状态，只要在绘图页面中的其他位置单击或按 Esc 键即可。

1.　用鼠标点选的方法选取对象

选择"选择"工具 ，在要选取的图形对象上单击鼠标左键，即可以选取该对象。

选取多个图形对象时，按住 Shift 键，在要选取的对象上依次单击即可。同时选取的效果如图 2-136 所示。

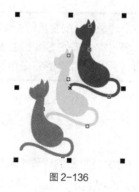

图 2-136

2.　用鼠标圈选的方法选取对象

选择"选择"工具 ，在绘图页面中要选取的图形对象外围单击鼠标左键并按住拖曳鼠标，拖曳后会出现一个蓝色的虚线圈选框，如图 2-137 所示。在圈选框完全圈选住对象后松开鼠标左键，被圈选的对象处于选取状态，如图 2-138 所示。用圈选的方法可以同时选取一个或多个对象。

图 2-137

图 2-138

在圈选的同时按住 Alt 键，蓝色的虚线圈选框如图 2-139 所示，接触到的对象都将被选取，如图 2-140 所示。

图 2-139

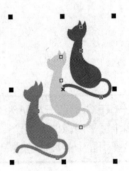

图 2-140

3. 使用命令选取对象

选择"编辑 > 全选"子菜单下的各个命令来选取对象。按 Ctrl+A 组合键，可以选取绘图页面中的全部对象。

提 示

当绘图页面中有多个对象时，按空格键，快速选择"选择"工具 ；连续按 Tab 键，可以依次选择下一个对象；按住 Shift 键，再连续按 Tab 键，可以依次选择上一个对象；按住 Ctrl 键，用鼠标点选的方法可以选取群组中的单个对象。

2.2.2 对象的缩放

1. 使用鼠标缩放对象

使用"选择"工具 选取要缩放的对象，对象的周围出现控制手柄。

用鼠标拖曳控制手柄可以缩放对象。拖曳对角线上的控制手柄可以按比例缩放对象，如图 2-141 所示。拖曳中间的控制手柄可以不按比例缩放对象，如图 2-142 所示。

拖曳对角线上的控制手柄时，按住 Ctrl 键，对象会以 100%的比例缩放。同时按下 Shift+Ctrl 组合键，对象会以 100%的比例从中心缩放。

图 2-141   图 2-142

2. 使用"自由变换"工具 ⊹ 缩放对象

选取要缩放的对象，对象的周围出现控制手柄。选择"选择"工具 ▶ 拓展工具栏中的"自由变换"工具 ⊹ ，选中"自由缩放"按钮 ，属性栏如图 2-143 所示。

图 2-143

在"自由变换"工具属性栏中的"对象大小" 中，输入对象的宽度和高度。如果选择了"缩放因子" 中的锁按钮 ，则宽度和高度将按比例缩放，只要改变宽度和高度中的一个值，另一个值就会自动按比例调整。

在"自由变换"工具属性栏中调整好宽度和高度后，按 Enter 键，完成对象的缩放。缩放的效果如图 2-144 所示。

图 2-144

3. 使用"变换"泊坞窗缩放对象

使用"选择"工具 ▶ 选取要缩放的对象，如图 2-145 所示。选择"窗口 > 泊坞窗 > 变换 > 大小"命令，或按 Alt+F10 组合键，弹出"变换"泊坞窗，如图 2-146 所示。其中，"X"表示宽度，"Y"表示高度。如果不勾选"按比例"复选框，就可以不按比例缩放对象。

在"变换"泊坞窗中，图 2-147 所示的是可供选择的圈选框 8 个控制手柄的位置，单击一个按钮来定义一个在缩放时保持固定不动的点，缩放的对象将基于这个点进行缩放，这个点可以决定缩放后的图形与原图形的相对位置。

图 2-145   图 2-146   图 2-147

设置好需要的数值，如图 2-148 所示，单击"应用"按钮，对象的缩放完成，效果如图 2-149 所示。在"副本"选项中进行设置，可以复制生成多个缩放好的对象。

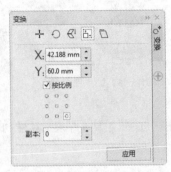

图 2-148

图 2-149

选择"窗口 > 泊坞窗 > 变换 > 缩放和镜像"命令，或按 Alt+F9 组合键，在弹出的"变换"泊坞窗中可以对对象进行缩放。

2.2.3 对象的移动

1. 使用工具和键盘移动对象

选取要移动的对象，如图 2-150 所示。使用"选择"工具 或其他的绘图工具，将鼠标的光标移到对象的中心控制点上，光标会变为十字箭头形 ，如图 2-151 所示。按住鼠标左键不放，拖曳对象到需要的位置，松开鼠标左键，完成对象的移动，效果如图 2-152 所示。

图 2-150　　　　　　　　图 2-151　　　　　　　　图 2-152

选取要移动的对象，用键盘上的方向键可以微调对象的位置，系统使用默认值时，对象将以 0.1 英寸的增量移动。选择"选择"工具 后不选取任何对象，在属性栏中的 框中可以重新设定每次微调移动的距离。

2. 使用属性栏移动对象

选取要移动的对象，在属性栏的"对象的位置" 框中输入对象要移动到的新位置的横坐标和纵坐标，可移动对象。

3. 使用"变换"泊坞窗移动对象

选取要移动的对象，选择"窗口 > 泊坞窗 > 变换 > 位置"命令，或按 Alt+F7 组合键，将弹出"变换"泊坞窗，"X"表示对象所在位置的横坐标，"Y"表示对象所在位置的纵坐标。如勾选"相对位置"复选框，对象将相对于原位置的中心进行移动。设置好后，单击"应用"按钮或按 Enter 键，完成对象的移动。移动前后的位置分别如图 2-153 所示。

图 2-153

设置好数值后，在"副本"选项中输入数值，可以在移动的新位置复制生成新的对象。

2.2.4　对象的镜像

镜像效果经常被应用到设计作品中。在 CorelDRAW X8 中，可以使用多种方法使对象沿水平、垂直或对角线的方向做镜像翻转。

1. 使用鼠标镜像对象

使用"选择"工具 ▶ 选取要镜像的对象，如图 2-154 所示。按住鼠标左键直接拖曳控制手柄到相对的边，直到显示对象的蓝色虚线框，如图 2-155 所示，松开鼠标左键就可以得到不规则的镜像对象，如图 2-156 所示。

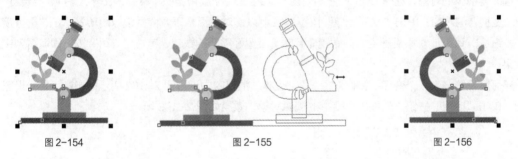

图 2-154　　　　　　　　图 2-155　　　　　　　　图 2-156

按住 Ctrl 键，直接拖曳左边或右边中间的控制手柄到相对的边，可以完成保持原对象比例的水平镜像，如图 2-157 所示。按住 Ctrl 键，直接拖曳上边或下边中间的控制手柄到相对的边，可以完成保持原对象比例的垂直镜像，如图 2-158 所示。按住 Ctrl 键，直接拖曳对角线上的控制手柄到相对的角点，可以完成保持原对象比例的沿对角线方向的镜像，如图 2-159 所示。

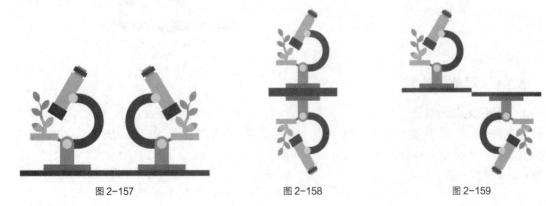

图 2-157　　　　　　　　图 2-158　　　　　　　　图 2-159

提 示 在镜像的过程中，只能使对象本身产生镜像。如果想产生图 2-157、图 2-158 和图 2-159 所示的效果，就要在镜像的位置生成一个复制对象。方法很简单，在松开鼠标左键之前按下鼠标右键，就可以在镜像的位置生成一个复制对象。

2. 使用属性栏镜像对象

选取要镜像的对象，如图 2-160 所示，属性栏状态如图 2-161 所示。

图 2-160　　　　　　　　　　　　　　　　　　图 2-161

单击属性栏中的"水平镜像"按钮，可以使对象沿水平方向做镜像翻转。单击"垂直镜像"按钮，可以使对象沿垂直方向做镜像翻转。

3. 使用"变换"泊坞窗镜像对象

选取要镜像的对象，选择"窗口 > 泊坞窗 > 变换 > 缩放和镜像"命令，或按 Alt+F9 组合键，弹出"变换"泊坞窗，单击"水平镜像"按钮，可以使对象沿水平方向做镜像翻转；单击"垂直镜像"按钮，可以使对象沿垂直方向做镜像翻转。设置好需要的数值，单击"应用"按钮即可看到镜像效果。

还可以设置产生一个变形的镜像对象。在"变换"泊坞窗中进行图 2-162 所示的参数设定，设置好后，单击"应用"按钮，生成一个变形的镜像对象，效果如图 2-163 所示。

图 2-162　　　　　　　　　　　　　　　　　　图 2-163

2.2.5　对象的旋转

1. 使用鼠标旋转对象

使用"选择"工具选取要旋转的对象，对象的周围出现控制手柄。再次单击对象，这时对象的周围出现旋转和倾斜控制手柄，如图 2-164 所示。

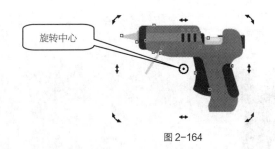

图 2-164

将鼠标的光标移动到旋转控制手柄上，这时的光标变为旋转符号↻，如图 2-165 所示。按住鼠标左键，拖曳鼠标旋转对象，旋转时对象会出现蓝色的虚线框指示旋转方向和角度，如图 2-166 所示。旋转到需要的角度后，松开鼠标左键，完成对象的旋转，效果如图 2-167 所示。

图 2-165   图 2-166   图 2-167

对象是围绕旋转中心⊙旋转的，默认的旋转中心⊙是对象的中心点，将鼠标光标移动到旋转中心上，按住鼠标左键拖曳旋转中心⊙到需要的位置，松开鼠标左键，完成对旋转中心的移动。

2. 使用属性栏旋转对象

选取要旋转的对象，如图 2-168 所示。在属性栏的"旋转角度"↻ ⓪ ° 框中输入旋转的角度数值 30.0，如图 2-169 所示，按 Enter 键，效果如图 2-170 所示。

图 2-168   图 2-169   图 2-170

3. 使用"变换"泊坞窗旋转对象

选取要旋转的对象，如图 2-171 所示。选择"窗口 > 泊坞窗 > 变换 > 旋转"命令，或按 Alt+F8 组合键，弹出"变换"泊坞窗，设置如图 2-172 所示。也可以在已打开的"变换"泊坞窗中单击"旋转"按钮↻。

在"变换"泊坞窗"旋转"设置区的"角度"选项框中直接输入旋转的角度数值，旋转角度数值可以是正值也可以是负值。在"中心"选项的设置区中输入旋转中心的坐标位置。勾选"相对中心"复选框，对象将以选中的点为旋转中心进行旋转。"变换"泊坞窗如图 2-173 所示进行设定，设置完成后，单击"应用"按钮，对象旋转的效果如图 2-174 所示。

图 2-171

图 2-172

图 2-173

图 2-174

2.2.6 对象的倾斜变形

1. 使用鼠标倾斜变形对象

使用"选择"工具 选取要倾斜变形的对象，对象的周围出现控制手柄。再次单击对象，这时对象的周围出现旋转 和倾斜 控制手柄，如图 2-175 所示。

将鼠标的光标移动到倾斜控制手柄上，光标变为倾斜符号 ，如图 2-176 所示。按住鼠标左键，拖曳鼠标变形对象，倾斜变形时对象会出现蓝色的虚线框指示倾斜变形的方向和角度，如图 2-177 所示。倾斜到需要的角度后，松开鼠标左键，对象倾斜变形的效果如图 2-178 所示。

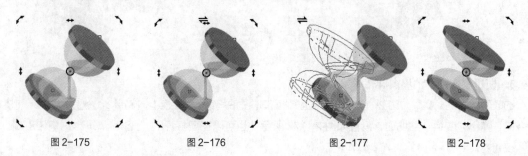

图 2-175 　　　　　　图 2-176 　　　　　　图 2-177 　　　　　　图 2-178

2. 使用"变换"泊坞窗倾斜变形对象

选取要倾斜变形的对象，如图 2-179 所示。选择"窗口 > 泊坞窗 > 变换 > 倾斜"命令，弹出"变换"泊坞窗，如图 2-180 所示。也可以在已打开的"变换"泊坞窗中单击"倾斜"按钮 。

图 2-179

图 2-180

在"变换"泊坞窗中设定倾斜变形对象的坐标数值，如图 2-181 所示，单击"应用"按钮，对象产生倾斜变形，效果如图 2-182 所示。

图 2-181

图 2-182

2.2.7　对象的复制

1. 使用命令复制对象

选取要复制的对象，如图 2-183 所示。选择"编辑 > 复制"命令，或按 Ctrl+C 组合键，对象的副本将被放置在剪贴板中。选择"编辑 > 粘贴"命令，或按 Ctrl+V 组合键，对象的副本被粘贴到原对象的上面，位置和原对象是相同的。用鼠标移动对象，可以显示复制的对象，如图 2-184 所示。

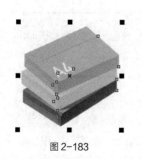

图 2-183

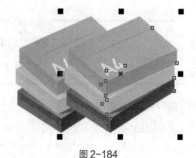

图 2-184

选择"编辑 > 剪切"命令，或按 Ctrl+X 组合键，对象将从绘图页面中删除并被放置在剪贴板上。

2. 使用鼠标拖曳方式复制对象

选取要复制的对象，如图 2-185 所示。将鼠标光标移动到对象的中心点上，光标变为移动光标✛，如图 2-186 所示。按住鼠标左键拖曳对象到需要的位置，如图 2-187 所示。至合适的位置后单击鼠标右键，复制对象完成，效果如图 2-188 所示。

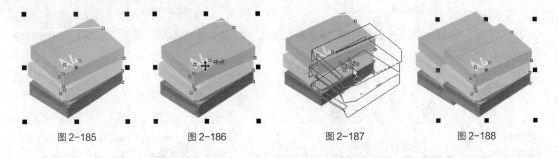

图 2-185　　　　　　图 2-186　　　　　　图 2-187　　　　　　图 2-188

可以在两个不同的绘图页面中复制对象。使用鼠标左键拖曳其中一个绘图页面中的对象到另一个绘图页面中，在松开鼠标左键前单击右键即可复制对象。

选取要复制的对象，单击鼠标右键并拖曳对象到需要的位置，松开鼠标右键后弹出如图 2-189 所示的快捷菜单，选择"复制"命令，完成对象的复制，如图 2-190 所示。

图 2-189　　　　　　　　　　　　　　　图 2-190

使用"选择"工具选取要复制的对象，在数字键盘上按+键，可快速复制对象。

3. 使用命令复制对象属性

选取要复制属性的对象，如图 2-191 所示。选择"编辑 > 复制属性自"命令，弹出"复制属性"对话框，如图 2-192 所示。在对话框中勾选"填充"复选框，单击"确定"按钮，鼠标光标显示为黑色箭头，在要复制其属性的对象上单击，如图 2-193 所示，对象的属性复制完成，效果如图 2-194 所示。

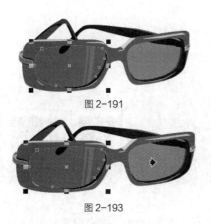

图 2-191

图 2-192

图 2-193

图 2-194

2.2.8　对象的删除

在 CorelDRAW X8 中，可以方便快捷地删除对象。下面介绍如何删除不需要的对象。

选取要删除的对象，选择"编辑 > 删除"命令或按 Delete 键，可以将选取的对象删除。

 提 示　　　如果想删除多个或全部对象，首先要选取这些对象，再执行"删除"命令或按 Delete 键。

2.2.9　撤销和恢复对对象的操作

在进行设计制作的过程中，可能经常会出现错误操作。下面介绍撤销和恢复对对象的操作。

撤销对对象的操作：选择"编辑 > 撤消"命令，如图 2-195 所示，或按 Ctrl+Z 组合键，可以撤销上一次的操作。

单击"标准工具栏"中的"撤消"按钮，也可以撤销上一次的操作。单击"撤消"按钮右侧的按钮，在弹出的下拉列表中可以对多个操作步骤进行撤销。

图 2-195

恢复对对象的操作：选择"编辑 > 重做"命令，或按 Ctrl+Shift+Z 组合键，可以恢复上一次的操作。

单击"标准工具栏"中的"重做"按钮，也可以恢复上一次的操作。单击"重做"按钮右侧的按钮，在弹出的下拉列表中可以对多个操作步骤进行恢复。

2.2.10　课堂案例——绘制风景插画

【案例学习目标】

学习使用对象编辑方法绘制风景插画。

【案例知识要点】

使用"选择"工具移动图片；使用"水平镜像"按钮翻转图片；使用"旋转角度"选项对图片进

行旋转；使用"变换"泊坞窗缩放图片；风景插画效果如图 2-196 所示。

【效果所在位置】

云盘/Ch02/效果/绘制风景插画.cdr。

图 2-196

（1）按 Ctrl+O 组合键，打开云盘中的"Ch02 > 素材 > 绘制风景插画 > 01"文件，如图 2-197 所示。选择"选择"工具 ▶，选中云彩图形，如图 2-198 所示。

图 2-197   图 2-198

（2）按数字键盘上的+键，复制云彩图形。向右下拖曳复制的云彩图形到适当的位置，效果如图 2-199 所示。单击属性栏中的"水平镜像"按钮 ▣，水平翻转图形，效果如图 2-200 所示。

图 2-199   图 2-200

（3）在属性栏中的"旋转角度" ○ ▢ ° 框中设置数值为 187，按 Enter 键，效果如图 2-201 所示。选择"选择"工具 ▶，选中白色花朵图形，按数字键盘上的+键，复制白色花朵图形。按住 Shift 键的同时，水平向右拖曳复制的白色花朵图形到适当的位置，效果如图 2-202 所示。

（4）选择"选择"工具 ▶，选中深蓝色植物图形，如图 2-203 所示，按数字键盘上的+键，复制深蓝色植物图形。按住 Shift 键的同时，水平向右拖曳复制的深蓝色植物图形到适当的位置，效果如图 2-204 所示。

图 2-201

图 2-202

图 2-203

图 2-204

（5）按 Alt+F9 组合键，弹出"变换"泊坞窗，选项的设置如图 2-205 所示，再单击"应用"按钮 应用 ，效果如图 2-206 所示。用相同的方法分别复制其他图形，并调整其大小，效果如图 2-207 所示。

图 2-205

图 2-206

图 2-207

（6）选择"形状"工具 ，选中树图形，如图 2-208 所示，用圈选的方法将树图形下方需要的节点同时选取，如图 2-209 所示。并向上拖曳选中的节点到适当的位置，效果如图 2-210 所示。

图 2-208

图 2-209

图 2-210

（7）选择"选择"工具 ![icon]，选中小鸟图形，如图 2-211 所示。单击属性栏中的"水平镜像"按钮 ![icon]，水平翻转图形，效果如图 2-212 所示。风景插画绘制完成，效果如图 2-213 所示。

图 2-211

图 2-212

图 2-213

2.3　对象的造型

在 CorelDRAW X8 中，造型功能是用于编辑图形对象的重要手段。使用造型功能中的焊接、修剪、相交、简化等命令可以创建出复杂的全新图形。

2.3.1　焊接

焊接是将几个图形结合成一个图形，新的图形轮廓由被焊接的图形边界组成，被焊接图形的交叉线都会消失。

使用"选择"工具 ![icon] 选中要焊接的图形，如图 2-214 所示。选择"窗口 > 泊坞窗 > 造型"命令，弹出图 2-215 所示的"造型"泊坞窗。在"造型"泊坞窗中选择"焊接"选项，再单击"焊接到"按钮 ![焊接到]，将鼠标的光标放到目标对象上单击，如图 2-216 所示，焊接后的效果如图 2-217 所示，新生成图形对象的轮廓和颜色填充与目标对象完全相同。

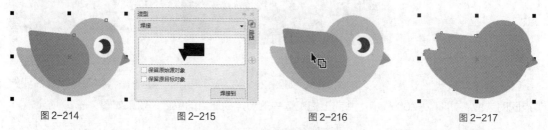
图 2-214　　　　图 2-215　　　　图 2-216　　　　图 2-217

在进行焊接操作之前，可以在"造型"泊坞窗中设置是否保留原始源对象和原目标对象。勾选"保留原始源对象"和"保留原目标对象"复选框，如图 2-218 所示。在焊接图形对象后，原始源对象和原目标对象都被保留，效果如图 2-219 所示。保留原始源对象和原目标对象在"修剪"和"相交"功能中也适用。

选择好几个要焊接的图形后，选择"对象 > 造型 > 合并"命令，或单击属性栏中的"合并"按钮 ![icon]，可以完成多个对象的焊接。

图 2-218

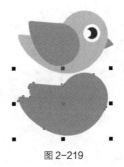

图 2-219

2.3.2 修剪

修剪是将原目标对象与原始源对象的相交部分裁掉，使原目标对象的形状被更改。修剪后的目标对象保留其填充和轮廓属性。

使用"选择"工具 选择其中的原始源对象，如图 2-220 所示。在"造型"泊坞窗中选择"修剪"选项，如图 2-221 所示。单击"修剪"按钮 修剪 ，将鼠标的光标放到原目标对象上单击，如图 2-222 所示。修剪后的效果如图 2-223 所示，修剪后的原目标对象保留其填充和轮廓属性。

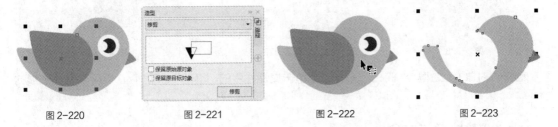

图 2-220 　　　　　 图 2-221 　　　　　 图 2-222 　　　　　 图 2-223

选择"对象 > 造型 > 修剪"命令，或单击属性栏中的"修剪"按钮 ，也可以完成修剪，原始源对象和被修剪的原目标对象会同时存在于绘图页面中。

提示　　圈选多个图形时，在最底层的图形对象就是"原目标对象"。按住 Shift 键，选择多个图形时，最后选中的图形就是"原目标对象"。

2.3.3 相交

相交是将两个或两个以上对象的相交部分保留，使相交的部分成为一个新的图形对象。新创建图形对象的填充和轮廓属性将与目标对象相同。

使用"选择"工具 选择其中的原始源对象，如图 2-224 所示。在"造型"泊坞窗中选择"相交"选项，如图 2-225 所示。单击"相交对象"按钮 相交对象 ，将鼠标的光标放到原目标对象上单击，如图 2-226 所示。相交后的效果如图 2-227 所示，相交后图形对象将保留原目标对象的填充和轮廓属性。

选择"对象 > 造型 > 相交"命令，或单击属性栏中的"相交"按钮 ，也可以完成相交。原始源对象和原目标对象以及相交后的新图形对象同时存在于绘图页面中。

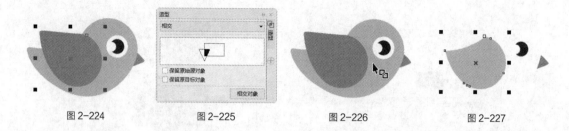

图 2-224　　　　图 2-225　　　　图 2-226　　　　图 2-227

2.3.4　简化

简化是减去后面图形中和前面图形的重叠部分，并保留前面图形和后面图形的状态。

使用"选择"工具 选中两个相交的图形对象，如图 2-228 所示。在"造型"泊坞窗中选择"简化"选项，如图 2-229 所示。单击"应用"按钮 应用 ，图形的简化效果如图 2-230 所示。

图 2-228　　　　　　图 2-229　　　　　　图 2-230

选择"对象 > 造型 > 简化"命令，或单击属性栏中的"简化"按钮 ，也可以完成图形的简化。

2.3.5　移除后面对象

移除后面对象会减去后面图形和前后图形的重叠部分，保留前面图形的剩余部分。

绘制相交的图形对象，如图 2-231 所示。使用"选择"工具 选中两个相交的图形对象，如图 2-232 所示。

图 2-231　　　　　　　　图 2-232

选择"窗口 > 泊坞窗 > 造型"命令，弹出图 2-233 所示的"造型"泊坞窗。在"造型"泊坞窗中选择"移除后面对象"选项，单击"应用"按钮 应用 ，移除后面对象，效果如图 2-234 所示。

选择"对象 > 造型 > 移除后面对象"命令，或单击属性栏中的"移除后面对象"按钮 ，也可以完成后面图形的移除。

图 2-233 图 2-234

2.3.6 移除后面对象

移除前面对象会减去前面图形和前后图形的重叠部分，保留后面图形的剩余部分。

使用"选择"工具 选中两个相交的图形对象，如图 2-235 所示。在"造型"泊坞窗中选择"移除前面对象"选项，如图 2-236 所示。单击"应用"按钮 应用 ，移除前面对象效果如图 2-237 所示。

图 2-235 图 2-236 图 2-237

选择"对象 > 造型 > 移除前面对象"命令，或单击属性栏中的"移除前面对象"按钮 ，也可以完成前面图形的移除。

2.3.7 边界

边界是快速创建一个所选图形的共同边界。

使用"选择"工具 选中要创建边界的图形对象，如图 2-238 所示。在"造型"泊坞窗中选择"边界"选项，如图 2-239 所示。单击"应用"按钮 应用 ，边界效果如图 2-240 所示。

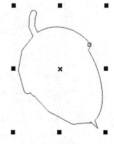

图 2-238 图 2-239 图 2-240

选择"对象 > 造型 > 边界"命令，或单击属性栏中的"边界"按钮 ，也可以完成图形共同边界的创建。

2.3.8 课堂案例——绘制计算器图标

【案例学习目标】

学习使用多种图形绘制工具、造型功能绘制计算器图标。

【案例知识要点】

使用"矩形"工具、"转角半径"选项、"移除前面对象"按钮、"水平/垂直翻转"按钮、"文本"工具和"透明度"工具绘制计算器机身、显示屏和按钮;使用"阴影"工具为按钮添加投影效果;计算器图标效果如图 2-241 所示。

【效果所在位置】

云盘/Ch02/效果/绘制计算器图标.cdr。

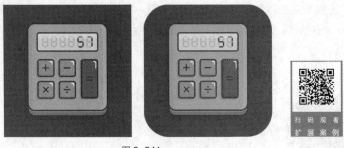

扫码观看
扩展案例

图 2-241

1. 绘制计算器显示屏

（1）按 Ctrl+N 组合键,弹出"创建新文档"对话框,设置文档的宽度为 1024 px,高度为 1024 px,取向为纵向,原色模式为 RGB,渲染分辨率为 72 像素/英寸,单击"确定"按钮,创建一个文档。

扫码观看
本案例视频

（2）双击"矩形"工具 ,绘制一个与页面大小相等的矩形,如图 2-242 所示。设置图形颜色的 RGB 值为 95、42、119,填充图形,并去除图形的轮廓线,效果如图 2-243 所示。

图 2-242

图 2-243

（3）使用"矩形"工具 ,再绘制一个矩形,如图 2-244 所示。在属性栏中将"转角半径"选项均设为 50 px,如图 2-245 所示;按 Enter 键,效果如图 2-246 所示。

（4）按 F12 键,弹出"轮廓笔"对话框,在"颜色"选项中设置轮廓线颜色的 RGB 值为 81、28、99,其他选项的设置如图 2-247 所示;单击"确定"按钮,效果如图 2-248 所示。设置图形颜色的 RGB 值为 240、82、29,填充图形,效果如图 2-249 所示。

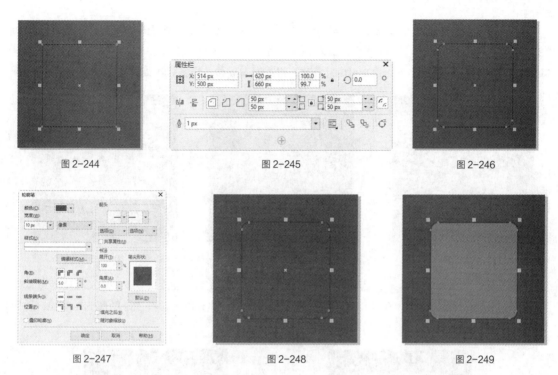

图 2-244　　　　　　　　　图 2-245　　　　　　　　　图 2-246

图 2-247　　　　　　　　　图 2-248　　　　　　　　　图 2-249

（5）选择"阴影"工具 ，在属性栏中单击"预设列表"选项，在弹出的菜单中选择"平面左下"，其他选项的设置如图 2-250 所示；按 Enter 键，效果如图 2-251 所示。

图 2-250　　　　　　　　　　　　　　　　　　　　图 2-251

（6）选择"选择"工具 ，选择圆角矩形，按数字键盘上的+键，复制圆角矩形。按住 Shift 键的同时，垂直向上拖曳复制的圆角矩形到适当的位置，效果如图 2-252 所示。设置图形颜色的 RGB 值为 251、161、46，填充图形，效果如图 2-253 所示。

图 2-252

图 2-253

（7）按数字键盘上的+键，复制圆角矩形。垂直向下微调复制的圆角矩形到适当的位置，效果如图 2-254 所示。设置图形颜色的 RGB 值为 252、114、68，填充图形，并去除图形的轮廓线，效果如图 2-255 所示。按 Ctrl+PageDown 组合键，将图形向后移一层，效果如图 2-256 所示。

图 2-254   图 2-255   图 2-256

（8）选择"选择"工具 ，选择最上方的圆角矩形，按数字键盘上的+键，复制圆角矩形，如图 2-257 所示。设置图形颜色的 RGB 值为 251、148、53，填充图形，并去除图形的轮廓线，效果如图 2-258 所示。

图 2-257   图 2-258

（9）按数字键盘上的+键，复制圆角矩形。水平向右微调复制的圆角矩形到适当的位置，填充图形为白色，效果如图 2-259 所示。按住 Shift 键的同时，单击左侧原图形将其同时选取，如图 2-260 所示，单击属性栏中的"移除前面对象"按钮 ，完成前面图形的移除，效果如图 2-261 所示。

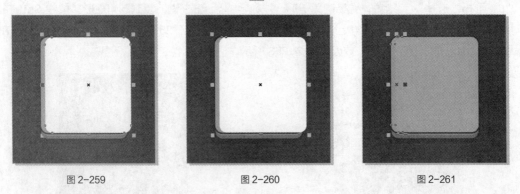

图 2-259   图 2-260   图 2-261

（10）按数字键盘上的+键，复制图形。单击属性栏中的"水平镜像"按钮 ，水平翻转图形，效果如图 2-262 所示。选择"选择"工具 ，按住 Shift 键的同时，水平向右拖曳翻转的图形到适当的位置，效果如图 2-263 所示。设置图形颜色的 RGB 值为 255、180、48，填充图形，效果如图 2-264 所示。

图 2-262

图 2-263

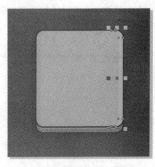

图 2-264

（11）选择"矩形"工具 ，在适当的位置绘制一个矩形，如图 2-265 所示。在属性栏中将"转角半径"选项均设为 10 px；按 Enter 键，效果如图 2-266 所示。

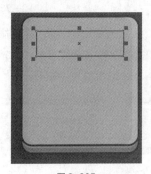

图 2-265

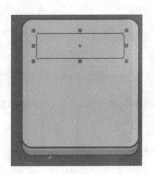

图 2-266

（12）按 F12 键，弹出"轮廓笔"对话框，在"颜色"选项中设置轮廓线颜色的 RGB 值为 81、28、99，其他选项的设置如图 2-267 所示；单击"确定"按钮，效果如图 2-268 所示。设置图形颜色的 RGB 值为 165、243、255，填充图形，效果如图 2-269 所示。

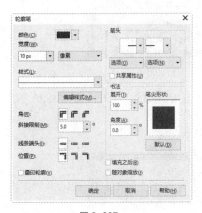

图 2-267

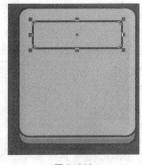

图 2-268

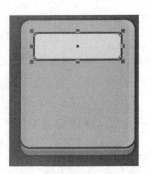

图 2-269

（13）选择"文本"工具 **字**，在适当的位置输入需要的文字，选择"选择"工具 ，在属性栏中选取适当的字体并设置文字大小，效果如图 2-270 所示。设置文字颜色的 RGB 值为 143、203、224，填充文字，效果如图 2-271 所示。选择"形状"工具 ，向右拖曳文字下方的 图标，调整文字的间距，效果如图 2-272 所示。

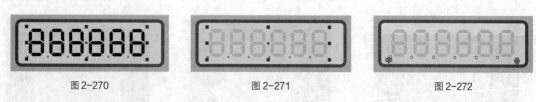

图 2-270　　　　　　　　　图 2-271　　　　　　　　　图 2-272

（14）选择"选择"工具 ，按 Ctrl+Q 组合键，将文字转换为曲线，如图 2-273 所示。按 Ctrl+K 组合键，拆分曲线。按住 Shift 键的同时，依次单击最后 2 个数字"8"需要的笔画将其同时选取，如图 2-274 所示。设置文字颜色的 RGB 值为 81、28、99，填充文字，效果如图 2-275 所示。

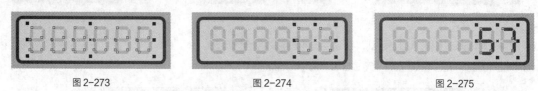

图 2-273　　　　　　　　　图 2-274　　　　　　　　　图 2-275

（15）选取下方圆角矩形，按 Ctrl+C 组合键，复制图形，按 Ctrl+V 组合键，将复制的图形原位粘贴，效果如图 2-276 所示。填充图形为白色，并去除图形的轮廓线，效果如图 2-277 所示。向上拖曳圆角矩形下边中间的控制手柄到适当的位置，调整其大小，效果如图 2-278 所示。

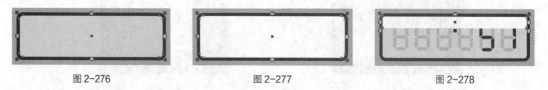

图 2-276　　　　　　　　　图 2-277　　　　　　　　　图 2-278

（16）保持图形选取状态。在属性栏中将"转角半径"选项分别设为 10 px、10 px、0 px 和 0 px，如图 2-279 所示；按 Enter 键，效果如图 2-280 所示。

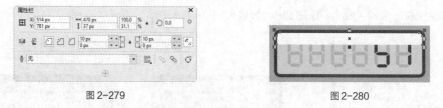

图 2-279　　　　　　　　　　　　　图 2-280

（17）选择"透明度"工具 ，在属性栏中单击"均匀透明度"按钮 ，其他选项的设置如图 2-281 所示；按 Enter 键，效果如图 2-282 所示。

图 2-281　　　　　　　　　　　　　图 2-282

2. 绘制计算器按钮

（1）选择"矩形"工具 ，在适当的位置绘制一个矩形，如图 2-283 所示。在属性栏中将"转角半径"选项均设为 10 px；按 Enter 键，效果如图 2-284 所示。

图 2-283   图 2-284

（2）按 F12 键，弹出"轮廓笔"对话框，在"颜色"选项中设置轮廓线颜色的 RGB 值为 81、28、99，其他选项的设置如图 2-285 所示；单击"确定"按钮，效果如图 2-286 所示。设置图形颜色的 RGB 值为 141、45、237，填充图形，效果如图 2-287 所示。

图 2-285   图 2-286   图 2-287

（3）选择"阴影"工具 ，在属性栏中单击"预设列表"选项，在弹出的菜单中选择"平面左下"，其他选项的设置如图 2-288 所示；按 Enter 键，效果如图 2-289 所示。

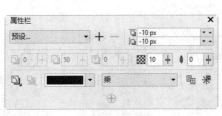

图 2-288   图 2-289

（4）选择"选择"工具 ，选择圆角矩形，按数字键盘上的+键，复制圆角矩形，如图 2-290 所示。设置图形颜色的 RGB 值为 122、24、219，填充图形，并去除图形的轮廓线，效果如图 2-291 所示。

（5）按数字键盘上的+键，复制圆角矩形。水平向右微调复制的圆角矩形到适当的位置，填充图形为白色，效果如图 2-292 所示。按住 Shift 键的同时，单击左侧原图形将其同时选取，如图 2-293 所示，单击属性栏中的"移除前面对象"按钮，完成前面图形的移除，效果如图 2-294 所示。

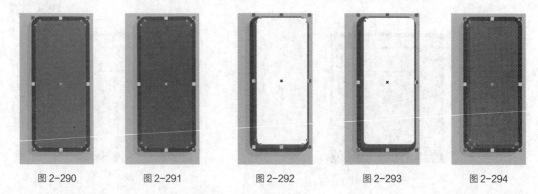

图 2-290　　　　图 2-291　　　　图 2-292　　　　图 2-293　　　　图 2-294

（6）按数字键盘上的+键，复制剪切后的图形。在属性栏中分别单击"水平镜像"按钮和"垂直镜像"按钮，翻转图形，效果如图 2-295 所示。填充图形为白色，效果如图 2-296 所示。

（7）选择"形状"工具，编辑状态如图 2-297 所示，在适当的位置分别双击鼠标左键，添加 4 个节点，如图 2-298 所示。

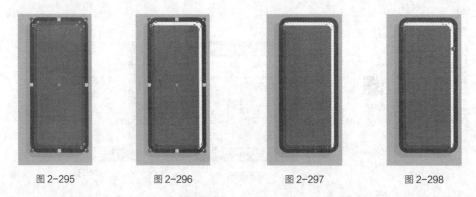

图 2-295　　　　图 2-296　　　　图 2-297　　　　图 2-298

（8）按住 Shift 键的同时，用圈选的方法将不需要的节点同时选取，如图 2-299 所示。按 Delete 键，删除选中的节点，如图 2-300 所示。按住 Ctrl 键的同时，依次单击选中刚刚添加的 4 个节点，如图 2-301 所示。在属性栏中单击"转换为线条"按钮，将曲线段转换为直线，如图 2-302 所示。选择"选择"工具，拖曳图形到适当的位置，效果如图 2-303 所示。

图 2-299　　　　图 2-300　　　　图 2-301　　　　图 2-302　　　　图 2-303

（9）选择"文本"工具 字，在适当的位置输入需要的文字，选择"选择"工具 ，在属性栏中选取适当的字体并设置文字大小，效果如图 2-304 所示。设置文字颜色的 RGB 值为 81、28、99，填充文字，效果如图 2-305 所示。用相同的方法分别制作"＋""－""×""÷"按钮，效果如图 2-306 所示。

图 2-304

图 2-305

图 2-306

（10）计数器图标绘制完成，效果如图 2-307 所示。将图标应用在手机中，会自动应用圆角遮罩图标，呈现出圆角效果，如图 2-308 所示。

图 2-307

图 2-308

课堂练习——绘制收音机图标

【练习知识要点】

使用"矩形"工具、"椭圆形"工具、"3 点椭圆形"工具、"基本形状"工具和"变换"泊坞窗绘制收音机图标；效果如图 2-309 所示。

图 2-309

扫 码 观 看
本案例视频

【效果所在位置】

云盘/Ch02/效果/绘制收音机图标.cdr。

课后习题——绘制卡通汽车

【习题知识要点】

使用"矩形"工具、"椭圆形"工具、"变换"泊坞窗、"置于图文框内部"命令和"水平镜像"按钮绘制卡通汽车；效果如图 2-310 所示。

【效果所在位置】

云盘/Ch02/效果/绘制卡通汽车.cdr。

图 2-310

第3章
曲线的绘制和颜色填充

曲线的绘制和颜色填充是设计制作过程中必不可少的技能之一。本章主要讲解 CorelDRAW X8 中曲线的绘制和编辑方法、图形填充的多种方式和应用技巧。通过这些内容的学习，可以绘制出优美的曲线图形并填充丰富多彩的颜色和底纹，使设计的作品更加富于变化、生动精彩。

课堂学习目标

- ✔ 掌握绘制曲线的方法
- ✔ 掌握编辑曲线的技巧
- ✔ 掌握轮廓线的编辑方法和技巧
- ✔ 掌握均匀填充的方法
- ✔ 掌握渐变填充的方法
- ✔ 掌握图样填充的方法
- ✔ 掌握底纹和网状填充的方法

3.1 绘制曲线

在 CorelDRAW X8 中，绘制出的作品都是由几何对象构成的，而几何对象的构成元素是直线和曲线。通过学习绘制直线和曲线，可以进一步掌握 CorelDRAW X8 强大的绘图功能。

3.1.1 认识曲线

在 CorelDRAW X8 中，曲线是矢量图的组成部分。可以使用绘图工具绘制曲线，也可以将任何矩形、多边形、椭圆形以及文本对象转换成曲线。下面先对曲线的节点、线段、控制线、控制点等概念进行讲解。

节点：是构成曲线的基本要素，可以通过定位、调整节点、调整节点上的控制点来绘制和改变曲线的形状。通过在曲线上增加和删除节点可以使曲线的绘制更加简便。通过转换节点的性质，可以将直线和曲线的节点相互转换，使直线段转换为曲线段或使曲线段转换为直线段。

线段：指两个节点之间的部分。线段包括直线段和曲线段，直线段在转换成曲线段后，可以进行曲线特性的操作，如图 3-1 所示。

控制线：在绘制曲线的过程中，节点的两端会出现蓝色的虚线。选择"形状"工具 ，在已经绘制好的曲线的节点上单击，节点的两端会出现控制线。

提 示

直线的节点没有控制线。直线段转换为曲线段后，节点上会出现控制线。

控制点：在绘制曲线的过程中，节点的两端会出现控制线，在控制线的两端是控制点。通过拖曳或移动控制点可以调整曲线的弯曲程度，如图 3-2 所示。

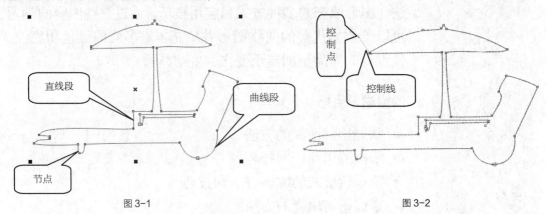

图 3-1 图 3-2

3.1.2 "贝塞尔"工具的使用

使用"贝塞尔"工具 可以绘制平滑、精确的曲线。可以通过确定节点和改变控制点的位置来控制曲线的弯曲度。可以使用节点和控制点对绘制完的直线和曲线进行精确的调整。

1. 绘制直线和折线

选择"贝塞尔"工具 ，在绘图页面中单击鼠标左键以确定直线的起点，拖曳鼠标光标到需要的位置，再单击以确定直线的终点，绘制出一段直线。只要再继续确定下一个节点，就可以绘制出折线的效果，如果想绘制出多个有折角的折线，只要继续确定节点即可，如图 3-3 所示。

如果双击折线上的节点，将删除这个节点，折线的另外两个节点将连接起来，效果如图 3-4 所示。

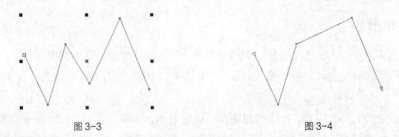

图 3-3 图 3-4

2. 绘制曲线

选择"贝塞尔"工具 ，在绘图页面中按住鼠标左键并拖曳鼠标以确定曲线的起点，松开鼠标左键，这时该节点的两边出现控制线和控制点，如图 3-5 所示。

将鼠标的光标移动到需要的位置单击并按住鼠标左键不动，在两个节点间出现一条曲线段，拖曳鼠标，第 2 个节点的两边出现控制线和控制点，控制线和控制点会随着鼠标的移动而发生变化，曲线的形状也会随之发生变化，调整到需要的效果后松开鼠标左键，如图 3-6 所示。

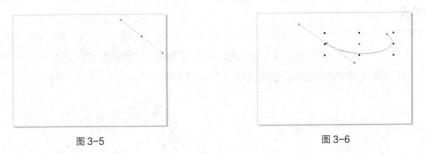

图 3-5   图 3-6

在下一个需要的位置单击后，将出现一条连续的平滑曲线，如图 3-7 所示。用"形状"工具 🔧 在第 2 个节点处单击，出现控制线和控制点，效果如图 3-8 所示。

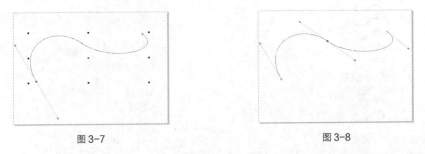

图 3-7   图 3-8

技 巧

确定一个节点后，在这个节点上双击，再单击确定下一个节点将出现直线。确定一个节点后，在这个节点上双击，再单击确定下一个节点并拖曳这个节点则将出现曲线。

3.1.3 "艺术笔"工具的使用

在 CorelDRAW X8 中，使用"艺术笔"工具 ⌇ 可以绘制出多种精美的线条和图形，可以模仿画笔的真实效果，使画面产生丰富的变化，从而绘制出不同风格的设计作品。

选择"艺术笔"工具 ⌇，属性栏如图 3-9 所示。其中包含了 5 种模式 ⋈ ᠄ ᠄ ᠄ ᠄，分别是"预设"模式、"笔刷"模式、"喷涂"模式、"书法"模式和"压力"模式。下面具体介绍这 5 种模式。

图 3-9

1. 预设模式

预设模式提供了多种线条类型，并且可以改变曲线的宽度。单击属性栏中"预设笔触"右侧的按钮 ⏷，弹出其下拉列表，如图 3-10 所示。在线条列表框中单击选择需要的线条类型。

单击属性栏中的"手绘平滑"设置区，弹出滑动条 ⌃ 100 ⊞，拖曳滑动条或输入数值可以调节绘图时线条的平滑程度。在"笔触宽度" ◀ 10.0 mm ⌄ 框中输入数值可以设置曲线的宽度。选择"预设"模式和线条类型后，鼠标的光标变为 ↘ 图标，在绘图页面中按住鼠标左键并拖曳光标，可以绘制出封闭的线条图形。

2. 笔刷模式

笔刷模式提供了多种颜色样式的画笔，将画笔运用在绘制的曲线上，可以绘制出漂亮的效果。

在属性栏中单击"笔刷"模式按钮 ⬛，再单击"笔刷笔触"右侧的按钮 ⌄，弹出其下拉列表，如图 3-11 所示。在列表框中单击选择需要的笔刷类型，在页面中按住鼠标左键并拖曳光标，绘制出需要的图形。

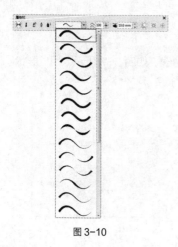

图 3-10

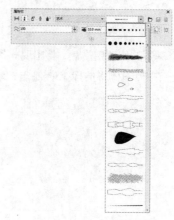

图 3-11

3. 喷涂模式

喷涂模式提供了多种有趣的图形对象，这些图形对象可以应用在绘制的曲线上。可以在属性栏的"喷涂列表文件列表"下拉列表框中选择喷雾的形状来绘制需要的图形。

在属性栏中单击"喷涂"模式按钮 ⬛，如图 3-12 所示。单击"喷射图样"右侧的按钮 ⌄，弹出其下拉列表，如图 3-13 所示。在列表框中单击选择需要的喷涂类型。单击属性栏中"喷涂顺序" 顺序 ▾ 右侧的按钮，弹出下拉列表，可以选择喷出图形的顺序。选择"随机"选项，喷出的图形将会随机分布。选择"顺序"选项，喷出的图形将会以方形区域分布。选择"按方向"选项，喷出的图形将会随光标拖曳的路径分布。在页面中按住鼠标左键并拖曳光标，绘制出需要的图形。

图 3-12

图 3-13

4. 书法模式

在书法模式下可以绘制出类似书法笔的效果，可以改变曲线的粗细。

在属性栏中单击"书法"模式按钮 ，如图 3-14 所示。在"书法的角度" ∠ 45.0 ° 选项中，可以设置"笔触"和"笔尖"的角度。如果角度值设为 0°，书法笔垂直方向画出的线条最粗，笔尖是水平的；如果角度值设置为 90°，书法笔水平方向画出的线条最粗，笔尖是垂直的。在绘图页面中按住鼠标左键并拖曳光标绘制图形。

图 3-14

5. 压力模式

在压力模式下可以用压力感应笔或键盘输入的方式改变线条的粗细，应用好这个功能可以绘制出特殊的图形效果。

在属性栏的"预设笔触列表"模式中选择需要的画笔，单击"压力"模式按钮 ，属性栏如图 3-15 所示。在压力模式中设置好压力感应笔的平滑度和画笔的宽度，在绘图页面中按住鼠标左键并拖曳光标绘制图形。

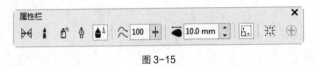

图 3-15

3.1.4 "钢笔"工具的使用

使用"钢笔"工具可以绘制出多种精美的曲线和图形，还可以对已绘制的曲线和图形进行编辑和修改。在 CorelDRAW X8 中绘制的各种复杂图形都可以通过"钢笔"工具来完成。

1. 绘制直线和折线

选择"钢笔"工具 ，单击以确定直线的起点，拖曳鼠标光标到需要的位置，再单击以确定直线的终点，绘制出一段直线，效果如图 3-16 所示。再继续单击确定下一个节点，就可以绘制出折线的效果。如果想绘制出有多个折角的折线，只要继续单击以确定节点就可以了，折线的效果如图 3-17 所示。要结束绘制，按 Esc 键或单击"钢笔"工具 即可。

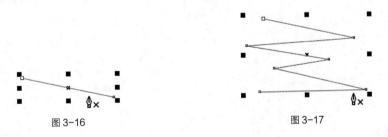

图 3-16   图 3-17

2. 绘制曲线

选择"钢笔"工具 ，在绘图页面中单击以确定曲线的起点，松开鼠标左键，将鼠标的光标移动到需要的位置再单击并按住鼠标左键不放，在两个节点间出现一条直线段，如图 3-18 所示。拖曳鼠标，第 2 个节点的两边出现控制线和控制点，控制线和控制点会随着鼠标的移动而发生变化，直线段变为曲线的形状，如图 3-19 所示。调整到需要的效果后松开鼠标左键，曲线的效果如图 3-20 所示。

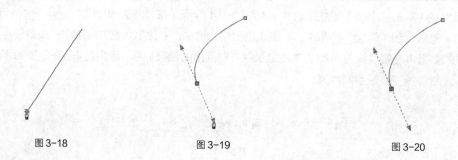

图 3-18　　　　　　　　　图 3-19　　　　　　　　　图 3-20

使用相同的方法可以对曲线继续绘制，效果如图 3-21 和图 3-22 所示。绘制完成的曲线效果如图 3-23 所示。

如果想在曲线后绘制出直线，按住 C 键，在要继续绘制出直线的节点上按住鼠标左键并拖曳鼠标，这时出现节点的控制点。松开 C 键，将控制点拖曳到下一个节点的位置，如图 3-24 所示。松开鼠标左键再单击，可以绘制出一段直线，效果如图 3-25 所示。

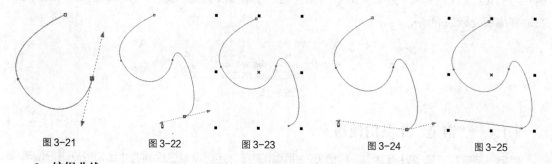

图 3-21　　　　图 3-22　　　　图 3-23　　　　　图 3-24　　　　　图 3-25

3. 编辑曲线

在"钢笔"工具属性栏中选择"自动添加或删除节点"按钮，曲线绘制的过程变为自动添加/删除节点模式。

将"钢笔"工具的光标移动到节点上，光标变为删除节点图标，效果如图 3-26 所示。单击可以删除节点，效果如图 3-27 所示。将"钢笔"工具的光标移动到曲线上，光标变为添加节点图标，如图 3-28 所示。单击可以添加节点，效果如图 3-29 所示。

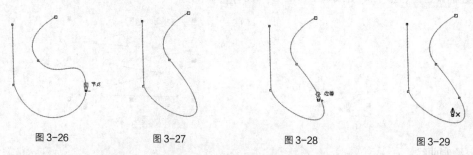

图 3-26　　　　　　图 3-27　　　　　　图 3-28　　　　　　图 3-29

将"钢笔"工具的光标移动到曲线的起始点，光标变为闭合曲线图标，如图 3-30 所示。单击可以闭合曲线，效果如图 3-31 所示。

图 3-30

图 3-31

 技 巧　　　在绘制曲线的过程中，按住 Alt 键，可编辑曲线段，进行节点的转换、移动、调整等操作，松开 Alt 键可继续进行绘制。

3.1.5　课堂案例——绘制 T 恤图案

【案例学习目标】

学习使用"贝塞尔"工具绘制 T 恤图案。

【案例知识要点】

使用"矩形"工具、"贝塞尔"工具、"椭圆形"工具和"水平镜像"按钮绘制人物；使用"椭圆形"工具、"形状"工具绘制镜片；T 恤图案效果如图 3-32 所示。

【效果所在位置】

云盘/Ch03/效果/绘制 T 恤图案.cdr。

图 3-32

（1）按 Ctrl+N 组合键，弹出"创建新文档"对话框，设置文档的宽度为 200 mm，高度为 200 mm，取向为纵向，原色模式为 CMYK，渲染分辨率为 300 像素/英寸，单击"确定"按钮，创建一个文档。

（2）双击"矩形"工具□，绘制一个与页面大小相等的矩形，如图 3-33 所示，设置图形颜色的 CMYK 值为 0、12、26、0，填充图形，并去除图形的轮廓线，效果如图 3-34 所示。

（3）选择"贝塞尔"工具✐，在页面中绘制一个不规则图形，如图 3-35 所示。设置图形颜色的 CMYK 值为 2、0、7、0，填充图形，并去除图形的轮廓线，效果如图 3-36 所示。

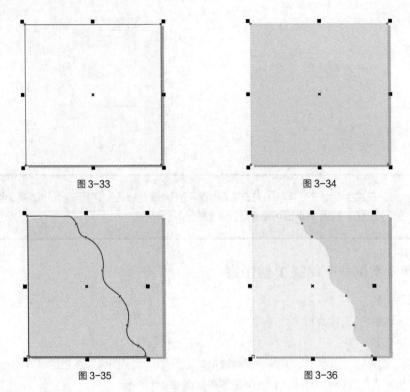

图 3-33   图 3-34

图 3-35   图 3-36

（4）选择"贝塞尔"工具 ，在适当的位置分别绘制两个不规则图形，如图 3-37 所示。选择"选择"工具 ，选取需要的图形，设置图形颜色的 CMYK 值为 0、17、20、0，填充图形，并去除图形的轮廓线，效果如图 3-38 所示。选取需要的图形，设置图形颜色的 CMYK 值为 4、21、24、0，填充图形，并去除图形的轮廓线，效果如图 3-39 所示。

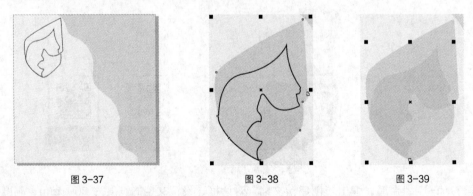

图 3-37   图 3-38   图 3-39

（5）选择"贝塞尔"工具 ，在适当的位置绘制一个不规则图形，如图 3-40 所示。设置图形颜色的 CMYK 值为 4、71、34、0，填充图形，并去除图形的轮廓线，效果如图 3-41 所示。

（6）选择"椭圆形"工具 ，按住 Ctrl 键的同时，在适当的位置绘制一个圆形，如图 3-42 所示。单击属性栏中的"转换为曲线"按钮 ，将图形转换为曲线，如图 3-43 所示。

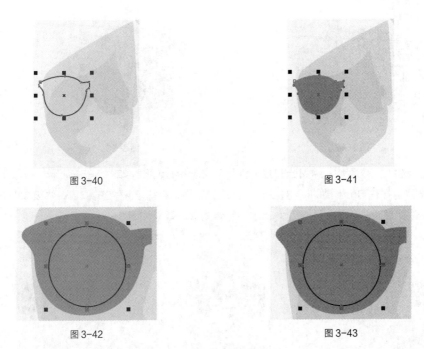

图 3-40   图 3-41

图 3-42   图 3-43

（7）选择"形状"工具，选中并向右拖曳右侧的节点到适当的位置，效果如图 3-44 所示。使用"形状"工具，在适当的位置双击鼠标左键，添加一个节点，如图 3-45 所示。选中并向左拖曳添加的节点到适当的位置，效果如图 3-46 所示。

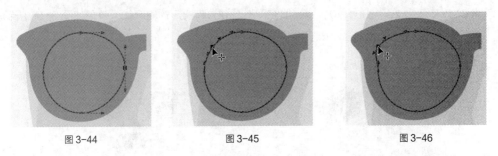

图 3-44   图 3-45   图 3-46

（8）使用"形状"工具，在左侧不需要的节点上双击鼠标左键，删除节点，如图 3-47 所示。选中添加的节点，节点的两端会出现控制线，如图 3-48 所示。拖曳左侧控制线到适当的位置，调整圆形的弧度，如图 3-49 所示。选择"选择"工具，选取图形，填充图形为黑色，并去除图形的轮廓线，效果如图 3-50 所示。

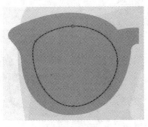

图 3-47

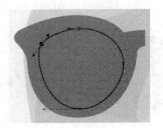

图 3-48

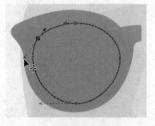
图 3-49

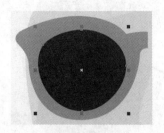
图 3-50

（9）选择"选择"工具 ，用圈选的方法将两个图形同时选取，如图 3-51 所示，按数字键盘上的+键，复制图形。按住 Shift 键的同时，水平向右拖曳复制的图形到适当的位置，效果如图 3-52 所示。单击属性栏中的"水平镜像"按钮 ，水平翻转图形，效果如图 3-53 所示。

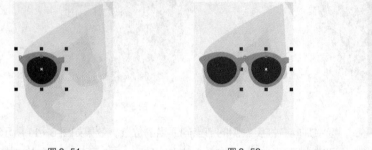

图 3-51　　　　　　图 3-52　　　　　　图 3-53

（10）选择"贝塞尔"工具 ，在适当的位置绘制一个不规则图形，如图 3-54 所示。设置图形颜色的 CMYK 值为 27、100、50、11，填充图形，并去除图形的轮廓线，效果如图 3-55 所示。

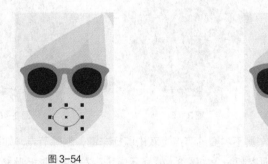

图 3-54　　　　　　　　　图 3-55

（11）选择"贝塞尔"工具 ，在适当的位置绘制一个不规则图形，如图 3-56 所示。设置图形颜色的 CMYK 值为 29、100、53、16，填充图形，并去除图形的轮廓线，效果如图 3-57 所示。用相同的方法绘制牙齿和口腔，并填充相应的颜色，效果如图 3-58 所示。

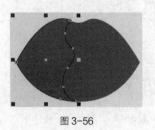
图 3-56

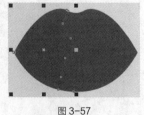
图 3-57

图 3-58

（12）选择"贝塞尔"工具 ✏️，在适当的位置绘制一个不规则图形，填充图形为黑色，并去除图形的轮廓线，效果如图 3-59 所示。

（13）选择"选择"工具 ▶️，按数字键盘上的+键，复制图形。按住 Shift 键的同时，水平向右拖曳复制的图形到适当的位置，效果如图 3-60 所示。单击属性栏中的"水平镜像"按钮 ▥，水平翻转图形，效果如图 3-61 所示。

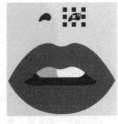
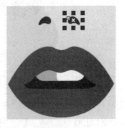

图 3-59　　　　　　　　　　　　图 3-60　　　　　　　　　　　　图 3-61

（14）选择"贝塞尔"工具 ✏️，在适当的位置绘制一个不规则图形，如图 3-62 所示。设置图形颜色的 CMYK 值为 1、29、17、0，填充图形，并去除图形的轮廓线，效果如图 3-63 所示。

（15）连续按 Ctrl+PageDown 组合键，将图形向后移至适当的位置，效果如图 3-64 所示。用相同的方法绘制其他图形，并填充相应的颜色，效果如图 3-65 所示。

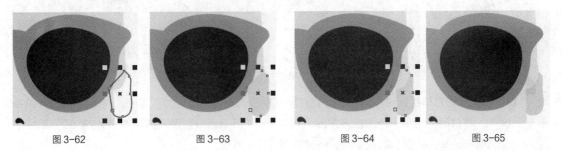

图 3-62　　　　　　　图 3-63　　　　　　　图 3-64　　　　　　　图 3-65

（16）选择"椭圆形"工具 ⬭，按住 Ctrl 键的同时，在适当的位置绘制一个圆形，如图 3-66 所示，按 F12 键，弹出"轮廓笔"对话框，在"颜色"选项中设置轮廓线颜色的 CMYK 值为 0、40、100、0，其他选项的设置如图 3-67 所示；单击"确定"按钮，效果如图 3-68 所示。连续按 Ctrl+PageDown 组合键，将图形向后移至适当的位置，效果如图 3-69 所示。

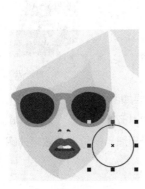

图 3-66　　　　　　　　　　　　　　　　图 3-67

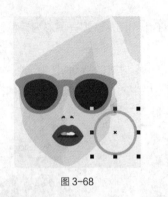
图 3-68

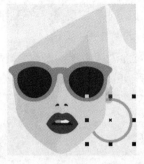
图 3-69

（17）选择"贝塞尔"工具 ，在适当的位置绘制一个不规则图形，如图 3-70 所示。设置图形颜色的 CMYK 值为 5、4、12、0，填充图形，并去除图形的轮廓线，效果如图 3-71 所示。连续按 Ctrl+PageDown 组合键，将图形向后移至适当的位置，效果如图 3-72 所示。

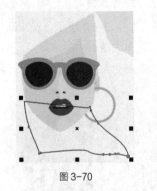
图 3-70

图 3-71

图 3-72

（18）用相同的方法绘制身体其他部分，并填充相应的颜色，效果如图 3-73 所示。选择"贝塞尔"工具 ，在页面中绘制一个不规则图形，如图 3-74 所示。设置图形颜色的 CMYK 值为 2、0、7、0，填充图形，并去除图形的轮廓线，效果如图 3-75 所示。

图 3-73

图 3-74

图 3-75

（19）使用"贝塞尔"工具 ，为头发绘制白色高光，效果如图 3-76 所示。按 Ctrl+I 组合键，弹出"导入"对话框，选择云盘中的"Ch03 > 素材 > 绘制 T 恤图案 > 01"文件，单击"导入"按钮，在页面中单击导入图形，选择"选择"工具 ，拖曳图形到适当的位置，效果如图 3-77 所示。

图 3-76

图 3-77

（20）连续按 Ctrl+PageDown 组合键，将图形向后移至适当的位置，效果如图 3-78 所示。T
恤图案绘制完成，效果如图 3-79 所示。

图 3-78

图 3-79

3.2　编辑曲线

在 CorelDRAW X8 中，完成曲线或图形的绘制后，可能还需要进一步调整曲线或图形来达到设
计方面的要求，这时就需要使用 CorelDRAW X8 的编辑曲线功能来进行更完善的编辑。

3.2.1　编辑曲线的节点

节点是构成图形对象的基本要素，用"形状"工具 选择曲线或图形对象后，会显示曲线或图形
的全部节点。通过移动节点和节点的控制点、控制线可以编辑曲线或图形的形状，还可以通过增加和
删除节点来更好地编辑曲线或图形。

绘制一条曲线，如图 3-80 所示。使用"形状"工具 ，单击选中曲线上的节点，如图 3-81 所
示。弹出的属性栏如图 3-82 所示。

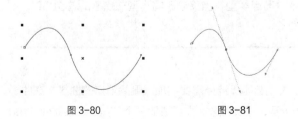

图 3-80　　　　　　　　图 3-81

图 3-82

1. 节点类型

在属性栏中有 3 种节点类型：尖突节点、平滑节点和对称节点。节点类型的不同决定了节点控制点的属性也不同，单击属性栏中的按钮可以转换 3 种节点的类型。

"尖突节点"按钮 ：尖突节点的控制点是独立的，当移动一个控制点时，另外一个控制点并不移动，从而使得通过尖突节点的曲线能够尖突弯曲。

"平滑节点"按钮 ：平滑节点的控制点之间是相关的，当移动一个控制点时，另外一个控制点也会随之移动，通过平滑节点连接的线段将产生平滑的过渡。

"对称节点"按钮 ：对称节点的控制点是相关的，并且对称节点两边控制线的长度是相等的，从而使得对称节点两边曲线的曲率也是相等的。

2. 选取并移动节点

绘制一个图形，如图 3-83 所示。选择"形状"工具 ，单击鼠标左键选取节点，如图 3-84 所示，按住鼠标左键拖曳鼠标，节点被移动，如图 3-85 所示。松开鼠标左键，图形调整后的效果如图 3-86 所示。

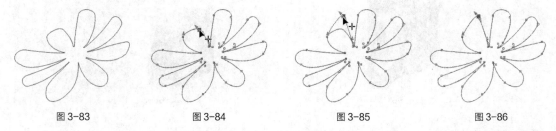

图 3-83   图 3-84   图 3-85   图 3-86

使用"形状"工具 选中并拖曳节点上的控制点，如图 3-87 所示。松开鼠标左键，图形调整后的效果如图 3-88 所示。

使用"形状"工具 圈选图形上的部分节点，如图 3-89 所示。松开鼠标左键，图形中被选中的部分节点如图 3-90 所示。拖曳任意一个被选中的节点，其他被选中的节点也会随之移动。

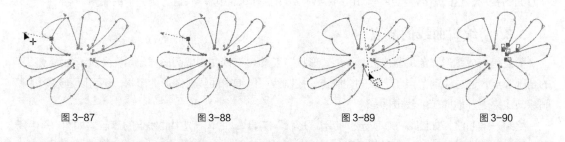

图 3-87   图 3-88   图 3-89   图 3-90

技 巧   在 CorelDRAW X8 中有 3 种节点类型，当移动不同类型节点上的控制点时，图形的形状也会有不同形式的变化。

3. 增加或删除节点

绘制一个图形，如图 3-91 所示。使用"形状"工具 选择需要增加或删除节点的曲线，在曲线上要增加节点的位置双击鼠标左键，如图 3-92 所示，可以在这个位置增加一个节点，效果如图 3-93

所示。

单击属性栏中的"添加节点"按钮 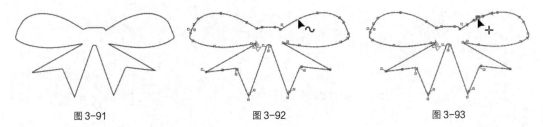，也可以在曲线上增加节点。

图 3-91   图 3-92   图 3-93

将鼠标的光标放在要删除的节点上并双击鼠标左键，如图 3-94 所示，可以删除这个节点，效果如图 3-95 所示。

选中要删除的节点，单击属性栏中的"删除节点"按钮 ，也可以在曲线上删除选中的节点。

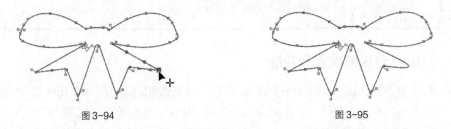

图 3-94   图 3-95

> **技 巧**
>
> 如果需要在曲线和图形中删除多个节点，可以先按住 Shift 键，再用鼠标选择要删除的多个节点，选择好后按 Delete 键就可以了。也可以使用圈选的方法选择需要删除的多个节点，选择好后按 Delete 键即可。

4. 合并和连接节点

绘制一个图形，如图 3-96 所示。使用"形状"工具 ，按住 Ctrl 键，选取两个需要合并的节点，如图 3-97 所示；单击属性栏中的"连接两个节点"按钮 ，将节点合并，使曲线成为闭合的曲线，如图 3-98 所示。

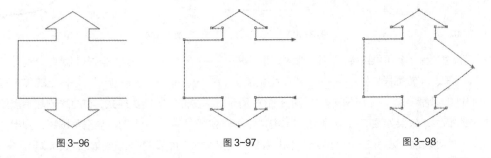

图 3-96   图 3-97   图 3-98

使用"形状"工具 圈选两个需要连接的节点，单击属性栏中的"闭合曲线"按钮 ，可以将两个节点以直线连接，使曲线成为闭合的曲线。

5. 断开节点

在曲线中要断开的节点上单击鼠标左键，选中该节点，如图 3-99 所示。单击属性栏中的"断开曲线"按钮 ，断开节点，曲线效果如图 3-100 所示。再使用"形状"工具 选择并移动节点，曲线的节点被断开，效果如图 3-101 所示。

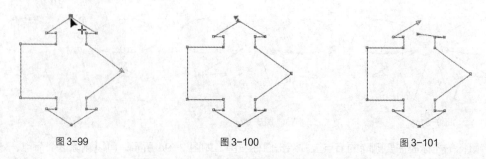

图 3-99　　　　　　　图 3-100　　　　　　　图 3-101

 技 巧　　　　在绘制图形的过程中有时需要将开放的路径闭合。选择"对象 > 连接曲线"命令，可以以直线或曲线的方式闭合路径。

3.2.2　编辑曲线的端点和轮廓

通过属性栏可以设置一条曲线的端点和轮廓的样式，这项功能可以帮助用户制作出非常实用的效果。

绘制一条曲线，再用"选择"工具 选择这条曲线，如图 3-102 所示。此时的属性栏如图 3-103 所示。在属性栏中单击"轮廓宽度" 右侧的按钮 ，弹出轮廓宽度的下拉列表，如图 3-104 所示。在其中进行选择，将曲线变宽，效果如图 3-105 所示，也可以在"轮廓宽度"框中输入数值后，按 Enter 键，设置曲线宽度。

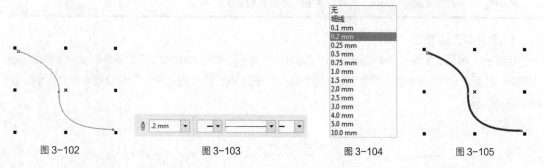

图 3-102　　　　　　图 3-103　　　　　　图 3-104　　　　　　图 3-105

在属性栏中有 3 个可供选择的下拉列表按钮 ，按从左到右的顺序分别是"起始箭头" 、"轮廓样式" 和"终止箭头" 。单击"起始箭头" 上的黑色三角按钮，弹出"起始箭头"下拉列表框，如图 3-106 所示。单击需要的箭头样式，在曲线的起始点处会出现选择的箭头，效果如图 3-107 所示。单击"轮廓样式" 上的黑色三角按钮，弹出"轮廓样式"下拉列表框，如图 3-108 所示。单击需要的轮廓样式，曲线的样式被改变，效果如图 3-109 所示。单击"终止箭头" 上的黑色三角按钮，弹出"终止箭头"下拉列表框，如图 3-110 所示。单击需要的箭头样式，在曲线的终止点处出现选择的箭头，如图 3-111 所示。

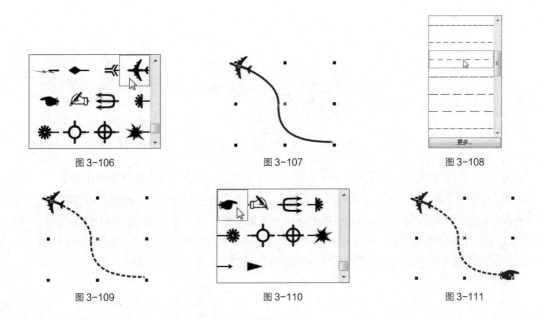

图 3-106   图 3-107   图 3-108

图 3-109   图 3-110   图 3-111

3.2.3　编辑和修改几何图形

使用"矩形"、"椭圆形"和"多边形"工具绘制的图形都是简单的几何图形。这类图形有其特殊的属性，图形上的节点比较少，只能对其进行简单的编辑。如果想对其进行更复杂的编辑，就需要将简单的几何图形转换为曲线。

1．转换为曲线

使用"椭圆形"工具⬭绘制一个椭圆形，效果如图 3-112 所示；在属性栏中单击"转换为曲线"按钮⟳，将椭圆图形转换成曲线图形，在曲线图形上增加了多个节点，如图 3-113 所示；使用"形状"工具🖊拖曳椭圆形上的节点，如图 3-114 所示；松开鼠标左键，调整后的图形效果如图 3-115所示。

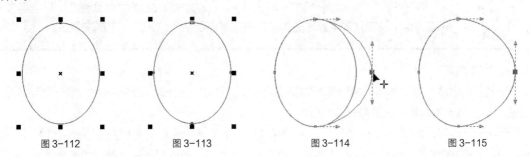

图 3-112   图 3-113   图 3-114   图 3-115

2．转换直线为曲线

使用"多边形"工具⬡绘制一个多边形，如图 3-116 所示；选择"形状"工具🖊，单击需要选中的节点，如图 3-117 所示；单击属性栏中的"转换为曲线"按钮，将直线转换为曲线，在曲线上出现节点，图形的对称性被保持，如图 3-118 所示；使用"形状"工具🖊拖曳节点调整图形，如图 3-119 所示。松开鼠标左键，图形效果如图 3-120 所示。

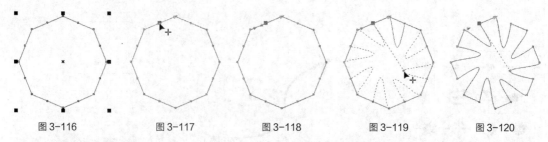

图 3-116　　　图 3-117　　　图 3-118　　　图 3-119　　　图 3-120

3. 裁切图形

使用"刻刀"工具 可以对单一的图形对象进行裁切，使一个图形被裁切成两个部分。

选择"刻刀"工具 ，鼠标的光标变为刻刀形状。将光标放到图形上准备裁切的起点位置，光标变为竖直形状后单击鼠标左键，如图 3-121 所示；移动光标会出现一条裁切线，将鼠标的光标放在裁切的终点位置后单击鼠标左键，如图 3-122 所示；图形裁切完成的效果如图 3-123 所示；使用"选择"工具 拖曳裁切后的图形，如图 3-124 所示。裁切的图形被分成了两部分。

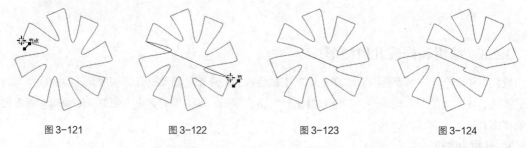

图 3-121　　　　图 3-122　　　　图 3-123　　　　图 3-124

单击"裁切时自动闭合"按钮 ，在图形被裁切后，裁切的两部分将自动生成闭合的曲线图形，并保留其填充的属性；若不单击此按钮，在图形被裁切后，裁切的两部分将不会自动闭合，同时图形会失去填充属性。

技巧　　按住 Shift 键，使用"刻刀"工具 将以贝塞尔曲线的方式裁切图形。已经经过渐变、群组及特殊效果处理的图形和位图都不能使用"刻刀"工具来裁切。

4. 擦除图形

使用"橡皮擦"工具 可以擦除图形的部分或全部，并可以使擦除后图形的剩余部分自动闭合。"橡皮擦"工具只能对单一的图形对象进行擦除。

绘制一个图形，如图 3-125 所示。选择"橡皮擦"工具 ，鼠标的光标变为擦除工具图标，单击并按住鼠标左键，拖曳鼠标可以擦除图形，如图 3-126 所示。擦除后的图形效果如图 3-127 所示。

图 3-125　　　　　图 3-126　　　　　图 3-127

"橡皮擦"工具属性栏如图 3-128 所示。"橡皮擦厚度" ⊖ 1.0 mm ⬦ 工具可以用来设置擦除的宽度；单击"减少节点"按钮 🖉，可以在擦除时自动平滑边缘；单击"橡皮擦形状"按钮 ○ 和 □ 可以转换橡皮擦的形状为圆形或方形擦除图形。

图 3-128

5. 修饰图形

使用"沾染"工具 🗉 和"粗糙"工具 🖇 可以修饰已绘制的矢量图形。

绘制一个图形，如图 3-129 所示。选择"沾染"工具 🗉，其属性栏如图 3-130 所示。在图上拖曳鼠标光标，制作出需要的涂抹效果，如图 3-131 所示。

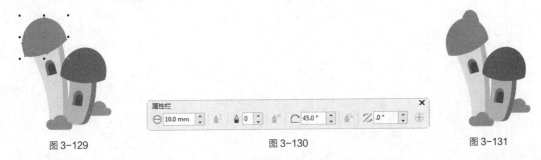

图 3-129　　　　　　　　　　　图 3-130　　　　　　　　　　　图 3-131

绘制一个图形，如图 3-132 所示。选择"粗糙"工具 🖇，其属性栏如图 3-133 所示。在图形边缘拖曳鼠标光标，制作出需要的粗糙效果，如图 3-134 所示。

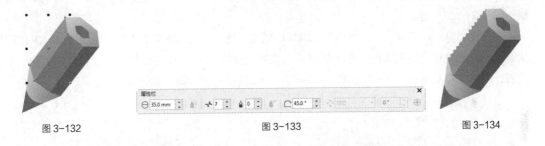

图 3-132　　　　　　　　　　　图 3-133　　　　　　　　　　　图 3-134

| 技巧 | "沾染"工具 🗉 和"粗糙"工具 🖇 可以应用在开放/闭合的路径、纯色和交互式渐变填充、交互式透明、交互式阴影效果的矢量对象上。不可以应用在交互式调和、立体化的矢量对象和位图上。 |

3.3　编辑轮廓线

轮廓线是指一个图形对象的边缘或路径。在系统默认的状态下，CorelDRAW X8 中绘制出的图形基本上已画出了细细的黑色轮廓线。通过调整轮廓线的宽度，可以绘制出不同宽度的轮廓线，如

图 3-135 所示，还可以将轮廓线设置为无轮廓。

3.3.1 使用"轮廓"工具

单击"轮廓笔"工具 ⬚，弹出"轮廓"工具的展开工具栏，如图 3-136 所示。

使用展开工具栏中的"轮廓笔"工具，可以编辑图形对象的轮廓线；"轮廓色"工具可以编辑图形对象的轮廓线颜色；11 个按钮都是用来设置图形对象的轮廓宽度的，分别是无轮廓、细线轮廓、0.1mm、0.2mm、0.25mm、0.5mm、0.75mm、1mm、1.5mm、2mm 和 2.5mm；单击"彩色"工具，可以在弹出的"颜色"泊坞窗中对图形的轮廓线颜色进行编辑。

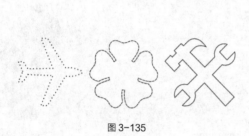

图 3-135   图 3-136

3.3.2 设置轮廓线的颜色

绘制一个图形对象，并使图形对象处于选取状态，单击"轮廓笔"工具 ⬚，弹出"轮廓笔"对话框，如图 3-137 所示。

在"轮廓笔"对话框中，"颜色"选项可以用来设置轮廓线的颜色，在 CorelDRAW X8 的默认状态下，轮廓线被设置为黑色。在颜色列表框 ▇▾ 右侧的按钮上单击鼠标左键，打开"颜色"下拉列表，如图 3-138 所示，在"颜色"下拉列表中可以调配自己需要的颜色。

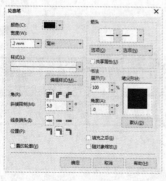

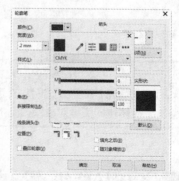

图 3-137   图 3-138

设置好需要的颜色后，单击"确定"按钮，可以改变轮廓线的颜色。

技巧	图形对象在选取状态下，直接在调色板中需要的颜色上单击鼠标右键，就可以快速填充轮廓线颜色。

3.3.3　设置轮廓线的宽度及样式

在"轮廓笔"对话框中，"宽度"选项可以用来设置轮廓线的宽度值和宽度的度量单位。在"宽度"选项左侧的三角按钮上单击鼠标左键，弹出下拉列表，可以选择宽度数值，如图 3-139 所示，也可以在数值框中直接输入宽度数值。在右侧的三角按钮上单击鼠标左键，弹出下拉列表，可以选择宽度的度量单位，如图 3-140 所示。在"样式"选项右侧的三角按钮上单击鼠标左键，弹出下拉列表，可以选择轮廓线的样式，如图 3-141 所示。

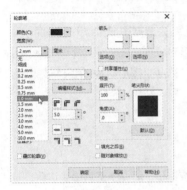
图 3-139

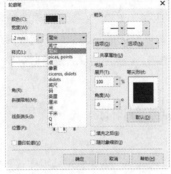
图 3-140

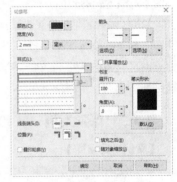
图 3-141

3.3.4　设置轮廓线角的样式及端头样式

在"轮廓笔"对话框中，"角"设置区可以用来设置轮廓线角的样式，如图 3-142 所示。"角"设置区提供了 3 种拐角的方式，分别是斜接角、圆角和平角。

将轮廓线的宽度增加，因为较细的轮廓线在设置拐角后效果不明显。3 种拐角的效果如图 3-143 所示。

图 3-142

图 3-143

在"轮廓笔"对话框中，"线条端头"设置区可以用来设置线条端头的样式，如图 3-144 所示。3 种样式分别是方形端头、圆形端头和延伸方形端头。分别选择 3 种端头样式，效果如图 3-145 所示。

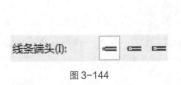
图 3-144

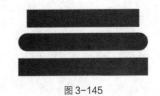
图 3-145

在"轮廓笔"对话框中，"箭头"设置区可以用来设置线条两端的箭头样式，如图 3-146 所示。"箭头"设置区中提供了两个样式框，左侧的样式框 用来设置箭头样式，单击样式框上的三角按钮，弹出"箭头样式"列表，如图 3-147 所示。右侧的样式框 用来设置箭尾样式，单击样式框上的三角按钮，弹出"箭尾样式"列表，如图 3-148 所示。

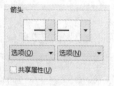

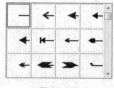

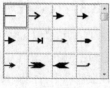

图 3-146   图 3-147   图 3-148

勾选"填充之后"复选框，会将图形对象的轮廓置于图形对象的填充之后。图形对象的填充会遮挡图形对象的轮廓颜色，只能观察到轮廓的一段宽度的颜色。

勾选"随对象缩放"复选框，缩放图形对象时，图形对象的轮廓线会根据图形对象的大小而改变，使图形对象的整体效果保持不变。如果不选择此选项，在缩放图形对象时，图形对象的轮廓线不会根据图形对象的大小而改变，轮廓线和填充不能保持原图形对象的效果，图形对象的整体效果就会被破坏。

3.3.5 课堂案例——绘制送餐图标

【案例学习目标】

学习使用多种图形绘制工具、"轮廓笔"工具、"编辑样式"按钮和"填充"工具绘制送餐图标。

【案例知识要点】

使用多种图形绘制工具、"合并"按钮、"形状"工具、"移除前面对象"按钮和"轮廓笔"工具绘制车身和车轮；使用"手绘"工具、"编辑样式"按钮、"矩形"工具绘制车头和大灯；送餐图标效果如图 3-149 所示。

【效果所在位置】

云盘/Ch03/效果/绘制送餐图标.cdr。

图 3-149

（1）按 Ctrl+N 组合键，弹出"创建新文档"对话框，设置文档的宽度为 1024 px，高度为 1024 px，取向为纵向，原色模式为 RGB，渲染分辨率为 72 像素/英寸，单击"确定"按钮，创建一个文档。

（2）选择"矩形"工具 ▢，在页面中分别绘制两个矩形，如图 3-150 所示。选择"选择"工具 ▶，用圈选的方法将所绘制的矩形同时选取，单击属性栏中的"合并"按钮 🗗，合并图形，如图 3-151 所示。

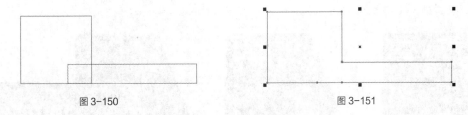

图 3-150　　　　　　　　　　　　　　图 3-151

（3）选择"形状"工具 ⬩，，选中并向左拖曳左下角的节点到适当的位置，效果如图 3-152 所示。选择"选择"工具 ▶，设置图形颜色的 RGB 值为 230、34、41，填充图形，效果如图 3-153 所示。

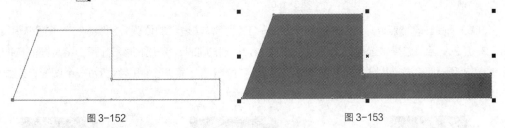

图 3-152　　　　　　　　　　　　　　图 3-153

（4）按 F12 键，弹出"轮廓笔"对话框，在"颜色"选项中设置轮廓线颜色为黑色，其他选项的设置如图 3-154 所示；单击"确定"按钮，效果如图 3-155 所示。

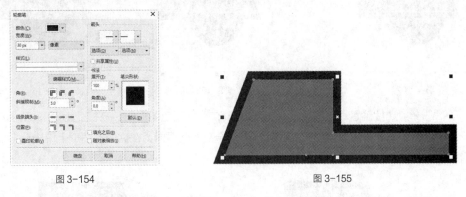

图 3-154　　　　　　　　　　　　　　图 3-155

（5）选择"椭圆形"工具 ◯，按住 Ctrl 键的同时，在适当的位置绘制一个圆形，如图 3-156 所示。选择"属性滴管"工具 🖊，将光标放置在下方红色图形上，光标变为 🖊 图标，如图 3-157 所示。在红色图形上单击鼠标左键吸取属性，光标变为 ◈ 图标，在需要的图形上单击鼠标左键，填充图形，效果如图 3-158 所示。

图 3-156　　　　　　　　图 3-157　　　　　　　　图 3-158

（6）选择"选择"工具，在"RGB 调色板"中的"70%黑"色块上单击鼠标左键，填充图形，效果如图 3-159 所示。按 Ctrl+PageDown 组合键，将图形向后移一层，效果如图 3-160 所示。

（7）按数字键盘上的+键，复制圆形。按住 Shift 键的同时，水平向右拖曳复制的圆形到适当的位置，效果如图 3-161 所示。

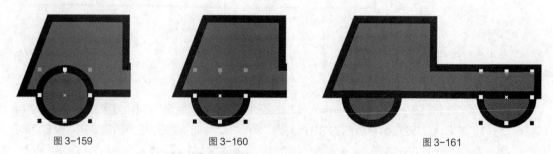

图 3-159　　　　　　　　图 3-160　　　　　　　　图 3-161

（8）分别选择"椭圆形"工具○和"矩形"工具□，在适当的位置分别绘制一个椭圆形和矩形，如图 3-162 所示。选择"选择"工具，按住 Shift 键的同时，单击矩形和椭圆形将其同时选取，如图 3-163 所示，单击属性栏中的"移除前面对象"按钮，将两个图形剪切为一个图形，效果如图 3-164 所示。（为了方便读者观看，这里以黄色显示。）

图 3-162　　　　　　　　图 3-163　　　　　　　　图 3-164

（9）选择"属性滴管"工具，将光标放置在下方红色图形上，光标变为图标，如图 3-165 所示。在红色图形上单击鼠标左键吸取属性，光标变为图标，在需要的图形上单击鼠标左键，填充图形，效果如图 3-166 所示。

图 3-165　　　　　　　　　　图 3-166

（10）选择"选择"工具，按 Alt+F9 组合键，弹出"变换"泊坞窗，选项的设置如图 3-167 所示，再单击"应用"按钮 ，效果如图 3-168 所示。按住 Shift 键的同时，水平向右拖曳复制的图形到适当的位置，效果如图 3-169 所示。

图 3-167　　　　　　　　图 3-168　　　　　　　　图 3-169

（11）选择"手绘"工具 ，按住 Ctrl 键的同时，在适当的位置绘制一条直线，并在属性栏中的 "轮廓宽度" 框中设置数值为 30 px；按 Enter 键，效果如图 3-170 所示。

（12）选择"选择"工具 ，按数字键盘上的+键，复制直线。按住 Shift 键的同时，垂直向下拖曳复制的直线到适当的位置，效果如图 3-171 所示。不松开 Shift 键，向右拖曳直线末端中间的控制手柄到适当的位置，调整直线的长度，效果如图 3-172 所示。

图 3-170　　　　　　　　图 3-171　　　　　　　　图 3-172

（13）选取需要的直线，如图 3-173 所示，按数字键盘上的+键，复制直线。向右拖曳复制的直线到适当的位置，效果如图 3-174 所示。

图 3-173　　　　　　　　　　　图 3-174

（14）选择"矩形"工具 ，在适当的位置绘制一个矩形，如图 3-175 所示。单击属性栏中的"转换为曲线"按钮 ，将图形转换为曲线，如图 3-176 所示。选择"形状"工具 ，选中并向左拖曳右上角的节点到适当的位置，效果如图 3-177 所示。

（15）选择"选择"工具 ，设置图形颜色的 RGB 值为 230、34、41，填充图形，并去除图形的轮廓线，效果如图 3-178 所示。按 Shift+PageDown 组合键，将图形移至图层后面，效果如图 3-179 所示。

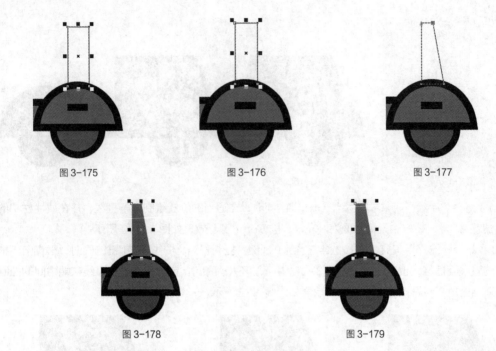

图 3-175　　　　　　　　图 3-176　　　　　　　　图 3-177

图 3-178　　　　　　　　　　　　图 3-179

（16）选择"手绘"工具 ，在适当的位置绘制一条斜线，如图 3-180 所示。并在属性栏中的"轮廓宽度" ⬚ 1 px ▾ 框中设置数值为 30 px；按 Enter 键，效果如图 3-181 所示。使用"手绘"工具 ，按住 Ctrl 键的同时，在适当的位置再绘制一条竖线，如图 3-182 所示。

图 3-180　　　　　　　　图 3-181　　　　　　　　图 3-182

（17）按 F12 键，弹出"轮廓笔"对话框，在"样式"选项组中单击"编辑样式"按钮，弹出"编辑线条样式"对话框，选项的设置如图 3-183 所示，单击"添加"按钮；返回到"轮廓笔"对话框，其他选项的设置如图 3-184 所示；单击"确定"按钮，效果如图 3-185 所示。

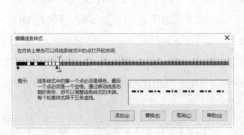

图 3-183

图 3-184

图 3-185

（18）选择"矩形"工具□，在适当的位置绘制一个矩形，如图 3-186 所示。选择"属性滴管"工具✐，将光标放置在下方红色图形上，光标变为✐图标，如图 3-187 所示。在红色图形上单击鼠标左键吸取属性，光标变为◇图标，在需要的图形上单击鼠标左键，填充图形，效果如图 3-188 所示。

图 3-186   图 3-187   图 3-188

（19）选择"选择"工具▶，按数字键盘上的+键，复制矩形。按住 Shift 键的同时，水平向右拖曳复制的矩形到适当的位置，效果如图 3-189 所示。向左拖曳矩形右侧中间的控制手柄到适当的位置，调整其大小，效果如图 3-190 所示。填充图形为白色，效果如图 3-191 所示。

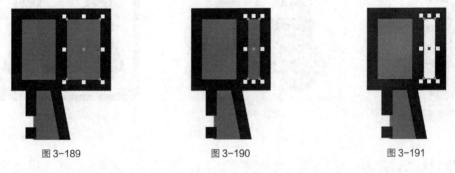

图 3-189   图 3-190   图 3-191

（20）选取左侧的红色矩形，在属性栏中将"转角半径"选项设为 50 px、0 px、50 px 和 0 px，如图 3-192 所示；按 Enter 键，效果如图 3-193 所示。

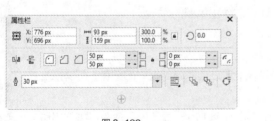

图 3-192

图 3-193

（21）选择"手绘"工具✎，按住 Ctrl 键的同时，在适当的位置绘制一条直线，如图 3-194 所示。按 F12 键，弹出"轮廓笔"对话框，在"线条端头"选项中单击"圆形端头"按钮▬，其他选项的设置如图 3-195 所示；单击"确定"按钮，效果如图 3-196 所示。

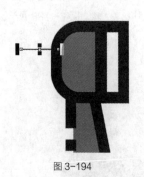

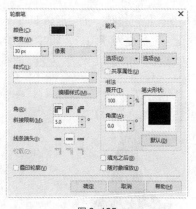

图 3-194   图 3-195   图 3-196

（22）用相同的方法分别绘制坐垫和餐箱，效果如图 3-197 所示。送餐图标绘制完成，效果如图 3-198 所示。将图标应用在手机中，会自动应用圆角遮罩图标，呈现出圆角效果，如图 3-199 所示。

图 3-197   图 3-198   图 3-199

3.4 均匀填充

在 CorelDRAW X8 中，颜色的填充包括对图形对象的轮廓和内部的填充。图形对象的轮廓只能填充单色，而图形对象的内部可以进行单色、渐变、图案等多种方式的填充。通过对图形对象的轮廓和内部进行颜色填充，可以制作出绚丽的作品。

3.4.1 使用调色板填充颜色

使用调色板是给图形对象填充颜色的最快途径。通过选取调色板中的颜色，可以把一种新颜色快速填充到图形对象中。

在 CorelDRAW X8 中提供了多种调色板，选择"窗口 > 调色板"命令，将弹出可供选择的多种颜色调色板。CorelDRAW X8 在默认状态下使用的是 CMYK 调色板。

调色板一般在屏幕的右侧。使用"选择"工具 ，选中屏幕右侧的条形色板，如图 3-200 所示。用鼠标左键拖曳条形色板到屏幕的中间，调色板变为图 3-201 所示。

绘制一个要填充的图形对象。使用"选择"工具 选中要填充的图形对象，如图 3-202 所示。在调色板中选中的颜色上单击鼠标左键，如图 3-203 所示，图形对象的内部即被

图 3-200

选中的颜色填充，如图 3-204 所示。单击调色板中的"无填充"按钮⊠，可取消对图形对象内部的颜色填充。

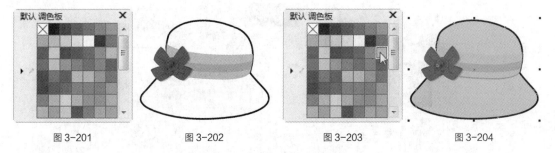

图 3-201　　　　　图 3-202　　　　　图 3-203　　　　　图 3-204

选取需要的图形，如图 3-205 所示。在调色板中选中的颜色上单击鼠标右键，如图 3-206 所示，图形对象的轮廓线即被选中的颜色填充，填充适当的轮廓宽度，如图 3-207 所示。

图 3-205　　　　　图 3-206　　　　　图 3-207

技 巧　　选中调色板中的色块，按住鼠标左键不放，拖曳色块到图形对象上，松开鼠标左键，也可填充对象。

3.4.2　使用"编辑填充"对话框填充颜色

选择"编辑填充"工具，弹出"编辑填充"对话框，单击"均匀填充"按钮■，或按 Shift+F11 组合键，弹出"编辑填充"对话框，可以在对话框中设置需要的颜色。

对话框中的 3 种设置颜色的方式分别为模型、混合器和调色板，具体设置如下。

1. 模型

模型设置框如图 3-208 所示,在设置框中提供了完整的色谱。通过操作颜色关联控件可更改颜色,也可以通过在颜色模式的各参数值框中设置数值来设定需要的颜色。在设置框中还可以选择不同的颜色模式，模型设置框默认的是 CMYK 模式，如图 3-209 所示。

调配好需要的颜色后，单击"确定"按钮，可以将需要的颜色填充到图形对象中。

技 巧　　如果有经常需要使用的颜色，调配好需要的颜色后，单击对话框中的"文档调色板"选项右侧的按钮，在弹出的下拉列表中选择"调色板"选项，就可以将颜色添加到调色板中。在下一次需要使用时就不需要再次调配了，直接在调色板中调用即可。

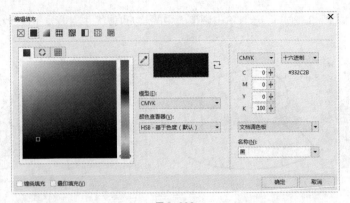

图 3-208

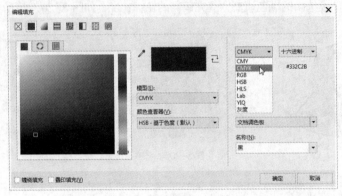

图 3-209

2. 混合器

混合器设置框如图 3-210 所示，它是通过组合其他颜色的方式来生成新颜色的，通过转动色环或从"色度"选项的下拉列表中选择各种形状，可以设置需要的颜色。从"变化"选项的下拉列表中选择各种选项，可以调整颜色的明度。调整"大小"选项下的滑动块可以使选择的颜色更丰富。

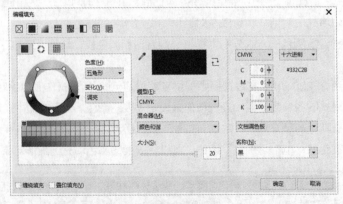

图 3-210

可以通过在颜色模式的各参数值框中设置数值来设定需要的颜色。在设置框中还可以选择不同的颜色模式，混合器设置框默认的是 CMYK 模式，如图 3-211 所示。

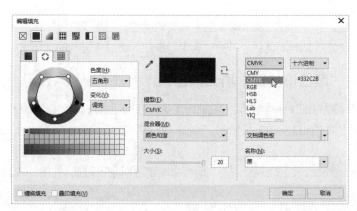

图 3-211

3. 调色板

调色板设置框如图 3-212 所示，调色板设置框是通过 CorelDRAW X8 中已有颜色库中的颜色来填充图形对象的，在"调色板"选项的下拉列表中可以选择需要的颜色库，如图 3-213 所示。

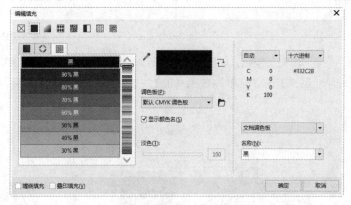

图 3-212

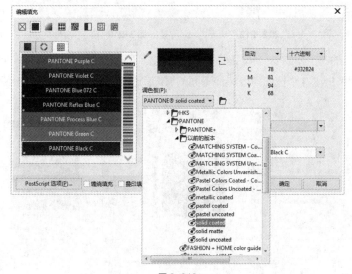

图 3-213

在色板中的颜色上单击鼠标左键就可以选中需要的颜色，调整"淡色"选项下的滑动块可以使选择的颜色变淡。调配好需要的颜色后，单击"确定"按钮，可以将需要的颜色填充到图形对象中。

3.4.3 使用"颜色泊坞窗"填充颜色

"颜色泊坞窗"是为图形对象填充颜色的辅助工具，特别适合在实际工作中应用。

单击工具箱下方的"快速自定"按钮⊕，添加"彩色"工具，弹出"颜色泊坞窗"，如图 3-214 所示。

绘制一个箭头，如图 3-215 所示。在"颜色泊坞窗"中调配颜色，如图 3-216 所示。

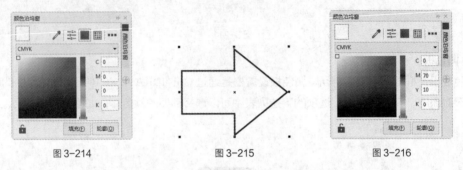

图 3-214   图 3-215   图 3-216

调配好颜色后，单击"填充"按钮，如图 3-217 所示。颜色填充到箭头的内部，效果如图 3-218 所示。也可在调配好颜色后，单击"轮廓"按钮，如图 3-219 所示。填充颜色到箭头的轮廓线，效果如图 3-220 所示。

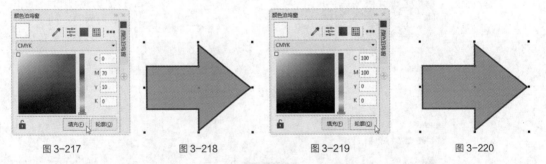

图 3-217   图 3-218   图 3-219   图 3-220

"颜色泊坞窗"的右上角的 3 个按钮，分别是"显示颜色滑块""显示颜色查看器""显示调色板"。分别单击这 3 个按钮可以选择不同的调配颜色的方式，如图 3-221 所示。

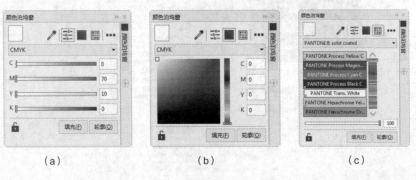

（a）   （b）   （c）

图 3-221

3.5　渐变填充

渐变填充是一种非常实用的功能，在设计制作中经常会用到。在 CorelDRAW X8 中，渐变填充提供了线性、辐射、圆锥和正方形 4 种渐变色彩的形式，可以绘制出多种渐变颜色效果。下面介绍使用渐变填充的方法和技巧。

3.5.1　使用"交互式填充"工具填充

绘制一个图形，效果如图 3-222 所示。选择"交互式填充"工具，在属性栏中单击"渐变填充"按钮，属性栏如图 3-223 所示，效果如图 3-224 所示。

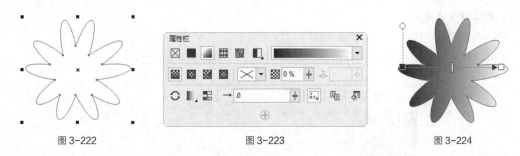

图 3-222　　　　　　　图 3-223　　　　　　　图 3-224

单击属性栏中的"渐变填充"按钮，可以选择渐变的类型，椭圆形、圆锥形和矩形的效果如图 3-225 所示。

属性栏中的"节点颜色"用于指定选择渐变节点的颜色，"节点透明度"框用于设置指定选定渐变节点的透明度，"加速"框用于设置从一个颜色渐变到另外一个颜色的速度。

"椭圆形渐变填充"　　　　"圆锥形渐变填充"　　　　"矩形渐变填充"

图 3-225

绘制一个图形，如图 3-226 所示。选择"交互式填充"工具，在起点颜色的位置单击并按住鼠标左键拖曳光标到适当的位置，松开鼠标左键，图形被填充了预设的颜色，效果如图 3-227 所示。在拖曳的过程中可以控制渐变的角度、渐变的边缘宽度等渐变属性。

拖曳起点颜色和终点颜色可以改变渐变的角度和边缘宽度。拖曳中间点可以调整渐变颜色的分布。拖曳渐变虚线，可以控制颜色渐变与图形之间的相对位置。拖曳渐变上方的圆圈图标可以调整渐变倾斜角度。

图 3-226

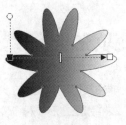

图 3-227

3.5.2　使用"编辑填充"对话框填充

选择"编辑填充"工具 ，在弹出的"编辑填充"对话框中单击"渐变填充"按钮 。在对话框中的"镜像、重复和反转"设置区中可选择渐变填充的 3 种类型："默认""重复和镜像""重复"。

1. 默认渐变填充

"默认渐变填充"按钮 的对话框如图 3-228 所示。

在对话框中设置好渐变颜色后，单击"确定"按钮，完成图形的渐变填充。

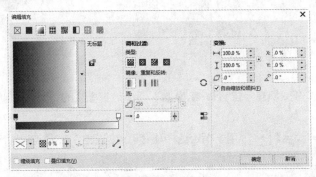

图 3-228

在"预览色带"上的起点和终点颜色之间双击鼠标左键，将在预览色带上产生一个色标 ，也就是新增了一个渐变颜色标记，如图 3-229 所示。"节点位置" 选项中显示的百分数就是当前新增渐变颜色标记的位置。单击"节点颜色" 选项右侧的按钮 ，在弹出的下拉选项中设置需要的渐变颜色，"预览"色带上新增渐变颜色标记上的颜色将改变为需要的新颜色。"节点颜色" 选项中显示的颜色就是当前新增渐变颜色标记的颜色。

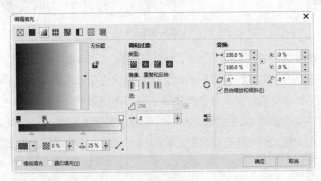

图 3-229

2. 重复和镜像渐变填充

单击"重复和镜像"按钮█，如图 3-230 所示。再单击调色板中的颜色，可改变自定义渐变填充终点的颜色。

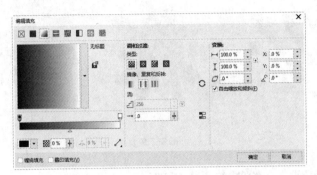

图 3-230

3. 重复渐变填充

单击"重复"按钮█，如图 3-231 所示。在对话框中设置好渐变颜色后，单击"确定"按钮，完成图形的渐变填充。

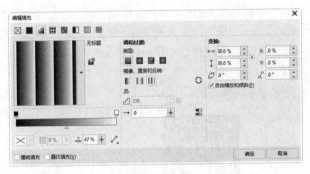

图 3-231

3.5.3　渐变填充的样式

绘制一个图形，如图 3-232 所示。在"渐变填充"对话框中的"填充挑选器"选项中包含了 CorelDRAW X8 预设的一些渐变效果，如图 3-233 所示。

图 3-232

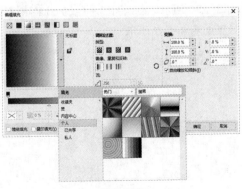

图 3-233

选择好一个预设的渐变效果，单击"确定"按钮，可以完成渐变填充。使用预设的渐变效果填充的各种渐变效果如图 3-234 所示。

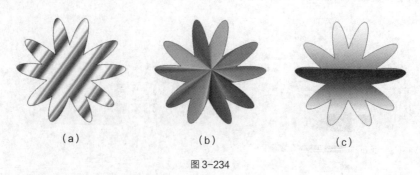

（a）　　　　　　　　（b）　　　　　　　　（c）

图 3-234

3.5.4 课堂案例——绘制卡通小狐狸

【案例学习目标】

学习使用多种图形绘制工具、"编辑填充"对话框和"造型"泊坞窗绘制卡通小狐狸。

【案例知识要点】

使用"椭圆形"工具、"贝塞尔"工具、"合并"按钮绘制耳朵；使用"椭圆形"工具、"矩形"工具、"星形"工具和"移除前面对象"按钮绘制嘴唇及脸庞；使用"矩形"工具、"圆角半径"选项、"造型"泊坞窗和"编辑填充"对话框绘制尾巴；卡通小狐狸效果如图 3-235 所示。

【效果所在位置】

云盘/Ch03/效果/绘制卡通小狐狸.cdr。

图 3-235

（1）按 Ctrl+N 组合键，新建一个 A4 页面。双击"矩形"工具 ▢，绘制一个与页面大小相等的矩形，如图 3-236 所示。设置图形颜色的 CMYK 值为 70、71、75、37，填充图形，并去除图形的轮廓线，效果如图 3-237 所示。

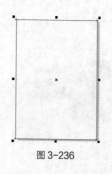

图 3-236

图 3-237

（2）选择"椭圆形"工具○，在页面外绘制一个椭圆形，如图 3-238 所示。选择"贝塞尔"工具✎，在适当的位置绘制一个不规则图形，如图 3-239 所示。

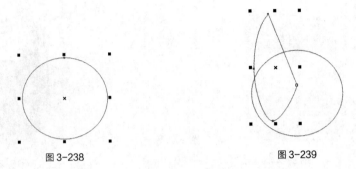

图 3-238   图 3-239

（3）选择"选择"工具▶，按数字键盘上的+键，复制图形。单击属性栏中的"水平镜像"按钮ᵈᶜ，水平翻转图形，如图 3-240 所示。按住 Shift 键的同时，水平向右拖曳翻转图形到适当的位置，效果如图 3-241 所示。

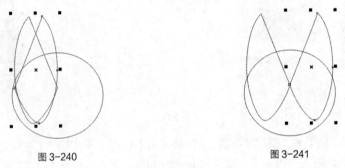

图 3-240   图 3-241

（4）选择"选择"工具▶，用圈选的方法将所绘制的图形同时选取，如图 3-242 所示，单击属性栏中的"合并"按钮ᅟᅵ，合并图形，效果如图 3-243 所示。

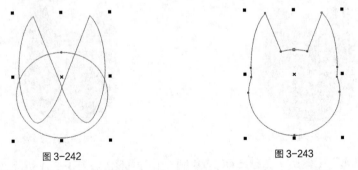

图 3-242   图 3-243

（5）按 F11 键，弹出"编辑填充"对话框，选择"渐变填充"按钮▦，将"起点"选项颜色的 CMYK 值设为 0、61、99、0，"终点"选项颜色的 CMYK 值设为 13、69、100、0，其他选项的设置如图 3-244 所示；单击"确定"按钮，填充图形，并去除图形的轮廓线，效果如图 3-245 所示。

（6）选择"贝塞尔"工具✎，在适当的位置绘制一个不规则图形，如图 3-246 所示。按 F11 键，弹出"编辑填充"对话框，选择"渐变填充"按钮▦，将"起点"选项颜色的 CMYK 值设为 12、82、100、0，"终点"选项颜色的 CMYK 值设为 0、61、100、0，其他选项的设置如图 3-247 所示；单击"确定"按钮，填充图形，并去除图形的轮廓线，效果如图 3-248 所示。

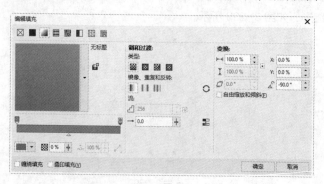

图 3-244

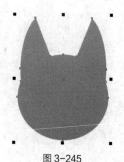

图 3-245

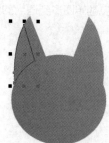

图 3-246

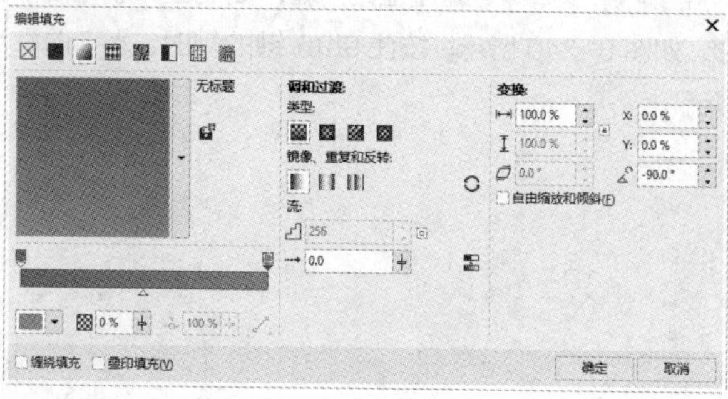

图 3-247

图 3-248

（7）选择"选择"工具 ，按数字键盘上的+键，复制图形。单击属性栏中的"水平镜像"按钮 ，水平翻转图形，如图 3-249 所示。按住 Shift 键的同时，水平向右拖曳翻转图形到适当的位置，效果如图 3-250 所示。

图 3-249

图 3-250

（8）选择"椭圆形"工具 ，在适当的位置绘制一个椭圆形，如图 3-251 所示。按 F11 键，弹出"编辑填充"对话框，选择"渐变填充"按钮 ，将"起点"选项颜色的 CMYK 值设为 12、82、100、0，"终点"选项颜色的 CMYK 值设为 11、62、93、0，其他选项的设置如图 3-252 所示；单击"确定"按钮，填充图形，并去除图形的轮廓线，效果如图 3-253 所示。

（9）选择"椭圆形"工具 ，在适当的位置绘制一个椭圆形，如图 3-254 所示。选择"矩形"工具 ，在适当的位置绘制一个矩形，如图 3-255 所示。

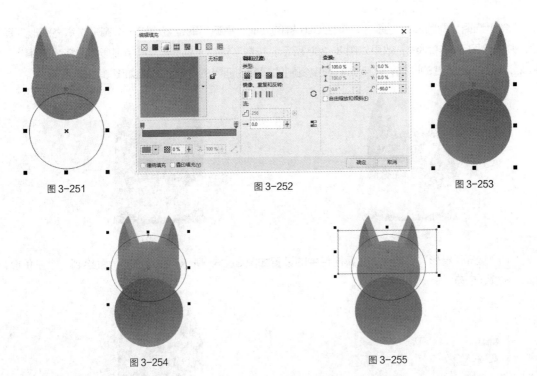

图 3-251　　　　　　　　　　　　　图 3-252　　　　　　　　　　　　　图 3-253

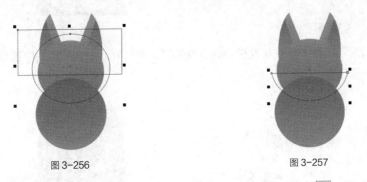

图 3-254　　　　　　　　　　　　　图 3-255

（10）选择"选择"工具 <u>▶</u> ，按住 Shift 键的同时，单击椭圆形将其同时选取，如图 3-256 所示，单击属性栏中的"移除前面对象"按钮 <u>▫</u> ，将两个图形剪切为一个图形，效果如图 3-257 所示。

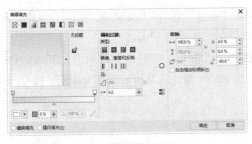

图 3-256　　　　　　　　　　　　　图 3-257

（11）按 F11 键，弹出"编辑填充"对话框，选择"渐变填充"按钮 <u>■</u> ，将"起点"选项颜色的 CMYK 值设为 0、0、0、20，"终点"选项颜色的 CMYK 值设为 0、0、0、0，其他选项的设置如图 3-258 所示；单击"确定"按钮，填充图形，并去除图形的轮廓线，效果如图 3-259 所示。

图 3-258　　　　　　　　　　　　　图 3-259

（12）选择"椭圆形"工具 ⬭，按住 Ctrl 键的同时，在适当的位置绘制一个圆形，填充图形为黑色，并去除图形的轮廓线，效果如图 3-260 所示。按数字键盘上的+键，复制圆形。选择"选择"工具 ➤，按住 Shift 键的同时，水平向右拖曳复制的圆形到适当的位置，效果如图 3-261 所示。

图 3-260

图 3-261

（13）选择"星形"工具 ☆，在属性栏中的设置如图 3-262 所示；在适当的位置绘制一个三角形，如图 3-263 所示。

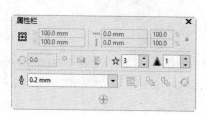

图 3-262

图 3-263

（14）选择"星形"工具 ☆，在属性栏中的设置如图 3-264 所示；在适当的位置绘制一个多角星形，如图 3-265 所示。

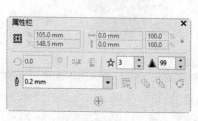

图 3-264

图 3-265

（15）按 F12 键，弹出"轮廓笔"对话框，在"颜色"选项中设置轮廓线颜色为黑色，其他选项的设置如图 3-266 所示；单击"确定"按钮，效果如图 3-267 所示。

（16）选择"矩形"工具 ▭，在适当的位置绘制一个矩形，如图 3-268 所示。在属性栏中将"圆角半径"选项设为 50.0mm，如图 3-269 所示，按 Enter 键，效果如图 3-270 所示。按 Ctrl+C 组合键，复制图形（此图形作为备用）。

图 3-266

图 3-267

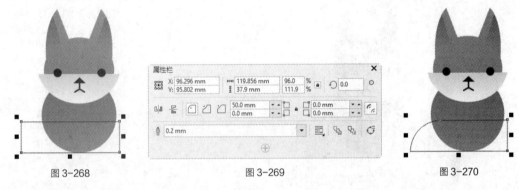

图 3-268　　　　　　　　　　　图 3-269　　　　　　　　　　　图 3-270

（17）单击属性栏中的"转换为曲线"按钮 ，将图形转换为曲线，如图 3-271 所示；选择"形状"工具 ，用圈选的方法选取右侧的节点，如图 3-272 所示，向左拖曳选中的节点到适当的位置，效果如图 3-273 所示。

图 3-271　　　　　　　　　　　图 3-272　　　　　　　　　　　图 3-273

（18）按 F11 键，弹出"编辑填充"对话框，选择"渐变填充"按钮 ，将"起点"选项颜色的 CMYK 值设为 0、0、0、20，"终点"选项颜色的 CMYK 值设为 0、0、0、0，其他选项的设置如图 3-274 所示；单击"确定"按钮，填充图形，并去除图形的轮廓线，效果如图 3-275 所示。

（19）按 Ctrl+V 组合键，粘贴（备用）图形，如图 3-276 所示。选择"选择"工具 ，选取下方渐变椭圆形，按数字键盘上的+键，复制图形，如图 3-277 所示。

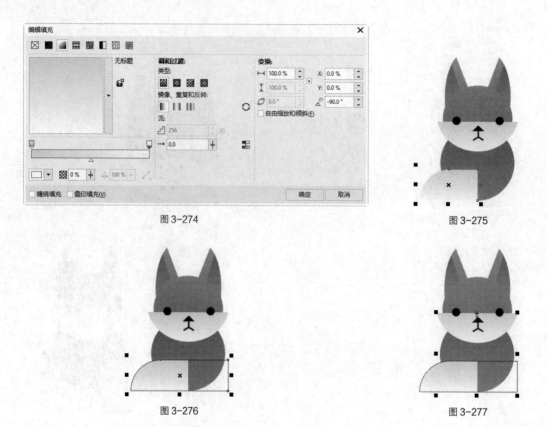

图 3-274

图 3-275

图 3-276

图 3-277

（20）选择"窗口 > 泊坞窗 > 造型"命令，在弹出的"造型"泊坞窗中选择"相交"选项，如图 3-278 所示。单击"相交对象"按钮，将鼠标光标放置到需要的图形上，如图 3-279 所示，再单击鼠标左键，效果如图 3-280 所示。

图 3-278

图 3-279

图 3-280

（21）按 F11 键，弹出"编辑填充"对话框，选择"渐变填充"按钮，将"起点"选项颜色的 CMYK 值设为 0、61、100、0，"终点"选项颜色的 CMYK 值设为 16、71、100、0，其他选项的设置如图 3-281 所示；单击"确定"按钮，填充图形，并去除图形的轮廓线，效果如图 3-282 所示。

（22）选择"选择"工具，用圈选的方法将所绘制的图形全部选取，按 Ctrl+G 组合键，将其群组，拖曳群组图形到页面中适当的位置，效果如图 3-283 所示。

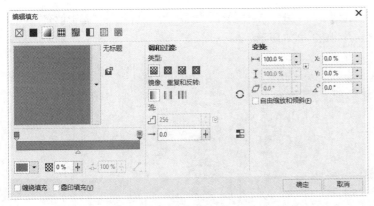

图 3-281

图 3-282

（23）选择"文本"工具 字，在适当的位置输入需要的文字，选择"选择"工具 ，在属性栏中选取适当的字体并设置文字大小，填充文字为白色，效果如图 3-284 所示。卡通小狐狸绘制完成。

图 3-283

图 3-284

3.6 图样填充

向量图样填充是由矢量和线描式图像生成的。选择"编辑填充"工具 ，在弹出的"编辑填充"对话框中单击"向量图样填充"按钮 ，如图 3-285 所示。

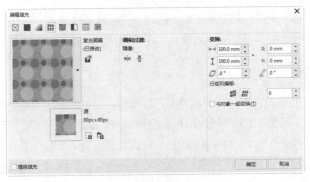

图 3-285

位图图样填充是使用位图图片进行填充。选择"编辑填充"工具![icon]，在弹出的"编辑填充"对话框中单击"位图图样填充"按钮![icon]，如图 3-286 所示。

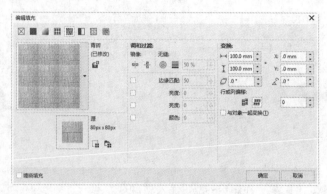

图 3-286

双色图样填充是用两种颜色构成的图案来填充，也就是通过设置前景色和背景色的颜色来填充。选择"编辑填充"工具![icon]，在弹出的"编辑填充"对话框中单击"双色图样填充"按钮![icon]，如图 3-287所示。

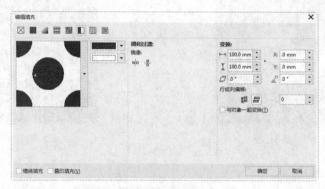

图 3-287

3.7 其他填充

除均匀填充、渐变填充和图样填充外，常用的填充还包括底纹填充、网状填充等，这些填充可以使图形更加自然、多变。下面具体介绍这些填充方法和技巧。

3.7.1 底纹填充

选择"编辑填充"工具![icon]，弹出"编辑填充"对话框，单击"底纹填充"按钮![icon]。在对话框中，CorelDRAW X8 的底纹库提供了多个样本组和几百种预设的底纹填充图案，如图 3-288 所示。

在对话框中的"底纹库"选项的下拉列表中可以选择不同的样本组。CorelDRAW X8 底纹库提供了 7 个样本组。选择样本组后，在上面的预览框中显示出底纹的效果，单击预览框右侧的按钮![icon]，在弹出的下拉列表中可以选择需要的底纹图案。

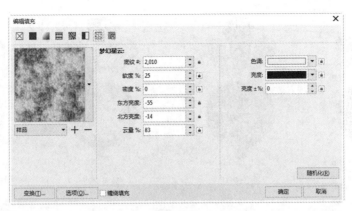

图 3-288

绘制一个图形，在"底纹库"选项的下拉列表中选择需要的样本后，单击预览框右侧的按钮 ，在弹出的下拉列表中选择需要的底纹效果，单击"确定"按钮，可以将底纹填充到图形对象中。几个填充不同底纹的图形效果如图 3-289 所示。

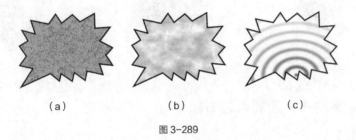

（a）　　　　　　　　　（b）　　　　　　　　　（c）

图 3-289

选择"交互式填充"工具 ，在属性栏中选择"底纹填充"选项，单击"填充挑选器" 选项右侧的按钮 ，在弹出的下拉列表中可以选择底纹填充的样式。

技 巧　　　　　底纹填充会增加文件的大小，并使操作的时间增长，在对大型的图形对象使用底纹填充时要慎重。

3.7.2　网状填充

绘制一个要进行网状填充的图形，如图 3-290 所示。选择"交互式填充"工具 展开式工具栏中的"网状填充"工具 ，在属性栏中将横竖网格的数值均设置为 3，按 Enter 键，图形的网状填充效果如图 3-291 所示。

单击选中网格中需要填充的节点，如图 3-292 所示。在调色板中需要的颜色上单击鼠标左键，可以为选中的节点填充颜色，效果如图 3-293 所示。

再依次选中需要的节点并进行颜色填充，如图 3-294 所示。选中节点后，拖曳节点的控制点可以扭曲颜色填充的方向，如图 3-295 所示。交互式网格填充效果如图 3-296 所示。

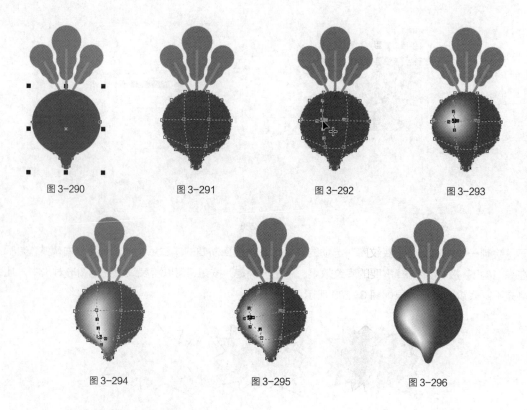

图 3-290　　　　　　图 3-291　　　　　　图 3-292　　　　　　图 3-293

图 3-294　　　　　　图 3-295　　　　　　图 3-296

3.7.3　课堂案例——绘制水果图标

【案例学习目标】

学习使用"编辑填充"对话框和"网状填充"工具绘制水果图标。

【案例知识要点】

使用"矩形"工具和"编辑填充"对话框绘制背景；使用"椭圆形"工具、"多边形"工具、"基本形状"工具、"水平镜像"按钮、"合并"按钮和"轮廓笔"工具绘制水果形状；使用"3 点椭圆形"工具、"网状填充"工具绘制高光；水果图标效果如图 3-297 所示。

【效果所在位置】

云盘/Ch03/效果/绘制水果图标.cdr。

图 3-297

（1）按 Ctrl+N 组合键，弹出"创建新文档"对话框，设置文档的宽度为 1024 px、高度为

1024 px，取向为纵向，原色模式为 RGB，渲染分辨率为 72 像素/英寸，单击"确定"按钮，创建一个文档。

（2）双击"矩形"工具 ⬚，绘制一个与页面大小相等的矩形，如图 3-298 所示。按 Shift+F11 组合键，弹出"编辑填充"对话框，单击"双色图样填充"按钮 ▮▮，切换到相应的对话框中，单击预览框右侧的按钮 ·，在弹出的列表中选择需要的图样效果，如图 3-299 所示；返回到"编辑填充"对话框，其他选项的设置如图 3-300 所示，单击"确定"按钮，填充图形，并去除图形的轮廓线，效果如图 3-301 所示。

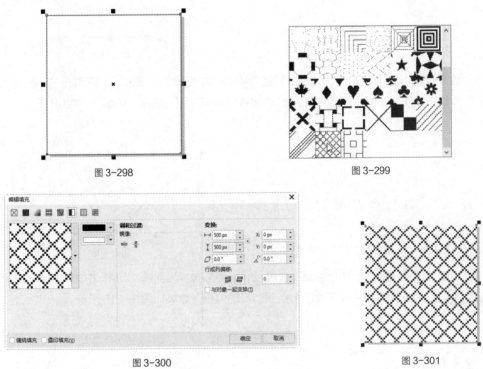

图 3-298

图 3-299

图 3-300

图 3-301

（3）选择"椭圆形"工具 ◯，按住 Ctrl 键的同时，在适当的位置绘制一个圆形，设置图形颜色的 RGB 值为 215、36、36，填充图形，并去除图形的轮廓线，效果如图 3-302 所示。

（4）按 F12 键，弹出"轮廓笔"对话框，在"颜色"选项中设置轮廓线颜色的 RGB 值为 115、37、51，其他选项的设置如图 3-303 所示；单击"确定"按钮，效果如图 3-304 所示。

图 3-302

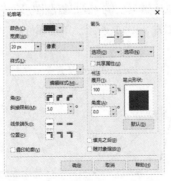

图 3-303

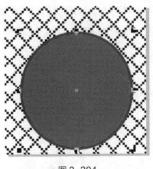

图 3-304

（5）选择"多边形"工具 ，在属性栏中的设置如图 3-305 所示；在页面外绘制一个三角形，效果如图 3-306 所示。

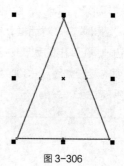

图 3-305   图 3-306

（6）选择"基本形状"工具 ，单击属性栏中的"完美形状"按钮 🗋，在弹出的下拉列表中选择需要的形状，如图 3-307 所示。在适当的位置拖曳鼠标绘制三角形，如图 3-308 所示。

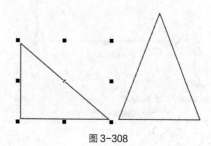

图 3-307   图 3-308

（7）单击属性栏中的"转换为曲线"按钮 🗘，将图形转换为曲线，如图 3-309 所示。选择"形状"工具 🖊，选中并向右拖曳左下角的节点到适当的位置，效果如图 3-310 所示。

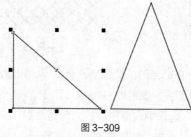   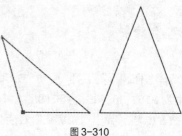

图 3-309   图 3-310

（8）选择"选择"工具 🖈，按数字键盘上的+键，复制图形。按住 Shift 键的同时，水平向右拖曳复制的图形到适当的位置，效果如图 3-311 所示。单击属性栏中的"水平镜像"按钮 🗖，水平翻转图形，效果如图 3-312 所示。

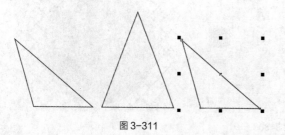   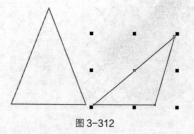

图 3-311   图 3-312

（9）选择"矩形"工具 ▢，在适当的位置绘制一个矩形，如图 3-313 所示。选择"选择"工具 ▶，用圈选的方法将所绘制的图形同时选取，如图 3-314 所示，单击属性栏中的"合并"按钮 🔄，合并图形，如图 3-315 所示。

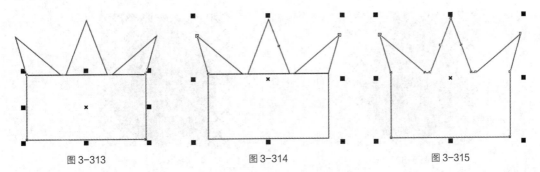

图 3-313　　　　　　　图 3-314　　　　　　　图 3-315

（10）选择"选择"工具 ▶，拖曳合并后的图形到页面中适当的位置，如图 3-316 所示。选择"属性滴管"工具 ✎，将光标放置在下方圆形上，光标变为 ✎ 图标，如图 3-317 所示。在圆形上单击鼠标左键吸取属性，光标变为 ◇ 图标，在需要的图形上单击鼠标左键，填充图形，效果如图 3-318 所示。

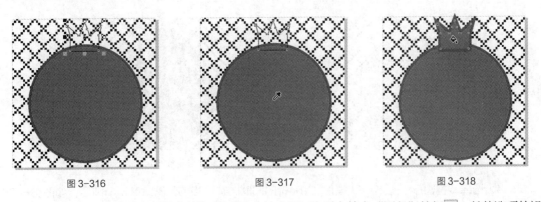

图 3-316　　　　　　　图 3-317　　　　　　　图 3-318

（11）按 F12 键，弹出"轮廓笔"对话框，在"角"选项中单击"圆角"按钮 🔲，其他选项的设置如图 3-319 所示；单击"确定"按钮，效果如图 3-320 所示。按 Ctrl+PageDown 组合键，将图形向后移一层，效果如图 3-321 所示。

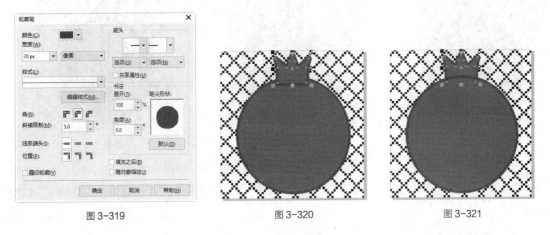

图 3-319　　　　　　　图 3-320　　　　　　　图 3-321

（12）选择"选择"工具，按住 Shift 键的同时，单击下方圆形将其同时选取，如图 3-322 所示，按住数字键盘上的+键，复制图形。分别按→和↓键，微调复制的图形到适当的位置，如图 3-323 所示。

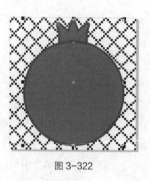

图 3-322

图 3-323

（13）保持图形选取状态。分别设置图形填充和轮廓线颜色的 RGB 值为 204、208、213，填充图形，效果如图 3-324 所示。按 Ctrl+PageDown 组合键，将选中图形向后移一层，效果如图 3-325 所示。

图 3-324

图 3-325

（14）选择"椭圆形"工具，按住 Ctrl 键的同时，在适当的位置绘制一个圆形，如图 3-326 所示。设置图形颜色的 RGB 值为 254、52、52，填充图形，并去除图形的轮廓线，效果如图 3-327 所示。用相同的方法分别绘制其他圆形，并填充相应的颜色，效果如图 3-328 所示。

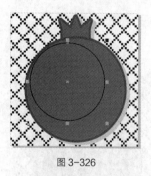

图 3-326

图 3-327

图 3-328

（15）选择"3 点椭圆形"工具，在适当的位置拖曳光标绘制一个倾斜椭圆形，如图 3-329 所示。设置图形颜色的 RGB 值为 255、153、153，填充图形，并去除图形的轮廓线，效果如图 3-330 所示。

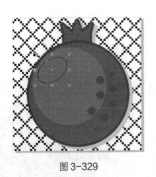

图 3-329

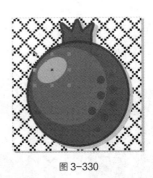

图 3-330

（16）选择"网状填充"工具 ，在属性栏中进行设置，如图 3-331 所示；按 Enter 键，在椭圆形中添加网格，效果如图 3-332 所示。

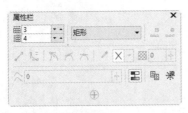

图 3-331

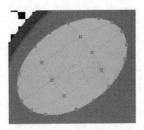

图 3-332

（17）使用"网状填充"工具 ，按住 Shift 键的同时，单击选中网格中添加的节点，如图 3-333 所示。在"RGB 调色板"中的"白"色块上单击鼠标左键，填充网状点颜色，效果如图 3-334 所示。

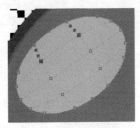

图 3-333

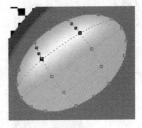

图 3-334

（18）按住 Shift 键的同时，单击选中网格中添加的节点，如图 3-335 所示。选择"窗口 > 泊坞窗 > 彩色"命令，弹出"颜色泊坞窗"，设置如图 3-336 所示，单击"填充"按钮，效果如图 3-337 所示。

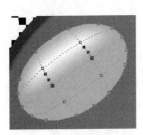

图 3-335

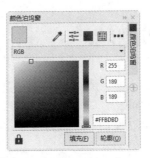

图 3-336

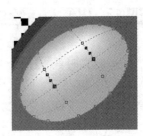

图 3-337

（19）用相同的方法再绘制一个网状球体，效果如图 3-338 所示。水果图标绘制完成，效果如图 3-339 所示。将图标应用在手机中，会自动应用圆角遮罩图标，呈现出圆角效果，如图 3-340 所示。

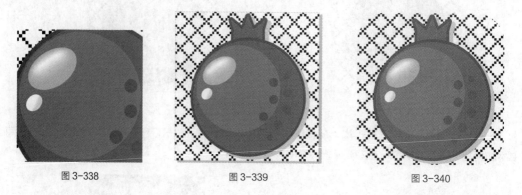

| 图 3-338 | 图 3-339 | 图 3-340 |

课堂练习——绘制鲸鱼插画

【练习知识要点】

使用"矩形"工具、"手绘"工具绘制插画背景；使用"矩形"工具、"椭圆形"工具、"移除前面对象"按钮、"贝塞尔"工具绘制鲸鱼；使用"艺术笔"工具绘制水花；使用"手绘"工具和"轮廓笔"工具绘制海鸥；效果如图 3-341 所示。

【效果所在位置】

云盘/Ch03/效果/绘制鲸鱼插画.cdr。

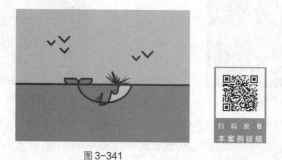

图 3-341

课后习题——绘制卡通形象

【习题知识要点】

使用"椭圆形"工具、"转换为曲线"命令和"形状"工具绘制并编辑图形；使用"椭圆形"工具、"矩形"工具、"贝塞尔"工具和"置于图文框内部"命令绘制五官及身体部分；效果如图 3-342 所示。

【效果所在位置】

云盘/Ch03/效果/绘制卡通形象.cdr。

图 3-342

第 4 章
对象的排序和组合

排序和组合图形对象是设计工作中最基本的对象编辑操作方法。本章主要讲解对象的编辑方法和组合技巧，通过这些内容的学习，可以自如地排列和组合对象来提高设计效率，使整体设计元素的布局和组织更加合理。

课堂学习目标

✔ 掌握对象对齐和分布的方法和技巧
✔ 掌握对象排序的方法
✔ 掌握组合和合并图形对象的技巧

4.1 对象的对齐和分布

CorelDRAW X8 提供了对齐和分布功能来设置对象的对齐和分布方式。下面介绍对齐和分布的使用方法和技巧。

4.1.1 对象的对齐

使用"选择"工具 ![箭头] 选中多个要对齐的对象，选择"对象 > 对齐和分布 > 对齐与分布"命令，或按 Ctrl+Shift+A 组合键，或单击属性栏中的"对齐与分布"按钮 ![图标]，弹出图 4-1 所示的"对齐与分布"泊坞窗。

在"对齐与分布"泊坞窗的"对齐"选项组中，可以选择两组对齐方式，如左对齐、水平居中对齐、右对齐或顶端对齐、垂直居中对齐、底端对齐。两组对齐方式可以单独使用，也可以配合使用，如对齐右底端、左顶端等设置就需要配合使用。

在"对齐对象到"选项组中可以选择对齐基准，如"活动对象"按钮 ![图标]、"页面边缘"按钮 ![图标]、"页面中心"按钮 ![图标]、"网格"按钮 ![图标] 和"指定点"按钮 ![图标]。对齐基准按钮必须与左、中、右对齐或顶端、中、底端对齐按钮同时使用，以指定图形对象的某个部分去和相应的基准线对齐。

选择"选择"工具 ![箭头]，按住 Shift 键，单击几个要对齐的图形对象将其全部选中，如图 4-2 所示，注意要将图形目标对象最后选中，因为其他图形对象将以图形目标对象为基准对齐，本例中以右下角的红色鱼图形为图形目标对象，所以最后选中它。

图 4-1

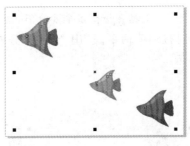

图 4-2

选择"对象 > 对齐和分布 > 对齐与分布"命令，弹出"对齐与分布"泊坞窗，在泊坞窗中单击
"右对齐"按钮 🖼，如图 4-3 所示，几个图形对象以最后选取的红色鱼图形的右边缘为基准进行对齐，
效果如图 4-4 所示。

图 4-3

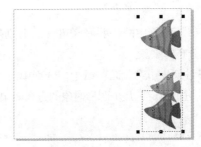

图 4-4

在"对齐与分布"泊坞窗中，单击"垂直居中对齐"按钮 🖼，再单击"对齐对象到"选项组
中的"页面中心"按钮 🖼，如图 4-5 所示，几个图形对象以页面中心为基准进行垂直居中对齐，
效果如图 4-6 所示。

图 4-5

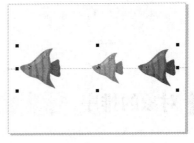

图 4-6

提 示

在"对齐与分布"泊坞窗中，可以进行多种图形对齐方式的设置，只要多练习，
就可以很快掌握。

4.1.2 对象的分布

使用"选择"工具 ▲选择多个要分布的图形对象,如图 4-7 所示。再选择"对象 > 对齐和分布 > 对齐与分布"命令,弹出"对齐与分布"泊坞窗,"分布"选项组中显示分布排列的按钮,如图 4-8 所示。

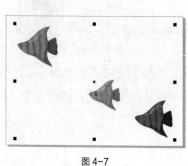

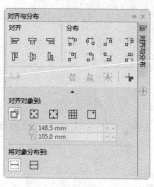

图 4-7   图 4-8

在"分布"选项组中有两种分布形式,分别是沿垂直方向分布和沿水平方向分布,可以选择不同的基准点来分布对象。

在"将对象分布到"选项组中,分别单击"选定的范围"按钮 ⊟ 和"页面范围"按钮 ⊟,如图 4-9 所示进行设定,几个图形对象的分布效果如图 4-10 所示。

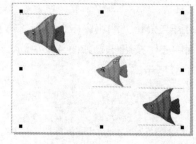

图 4-9   图 4-10

4.2 对象的排序

在 CorelDRAW X8 中,绘制的图形对象都存在着重叠的关系,如果在绘图页面中的同一位置先后绘制两个不同的背景图形对象,后绘制的图形对象将位于先绘制图形对象的上方。使用 CorelDRAW X8 的排序功能可以安排多个图形对象的前后排序,也可以使用图层来管理图形对象。

4.2.1 图形对象的排序

在 CorelDRAW X8 中,绘制的图形对象都存在着重叠的关系,如果在绘图页面中的同一位置先后绘制两个不同背景的图形对象，后绘制的图形对象将位于先绘制图形对象的上方。

使用 CorelDRAW X8 的排序功能可以安排多个图形对象的前后顺序，也可以使用图层来管理图形对象。

在绘图页面中先后绘制几个不同的图形对象，效果如图 4-11 所示。使用"选择"工具 选择要进行排序的图形对象，如图 4-12 所示。

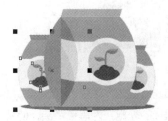

图 4-11   图 4-12

选择"对象 > 顺序"子菜单下的各个命令，如图 4-13 所示，可对已选择的图形对象进行排序。

选择"到图层前面"命令，可以将背景图形从当前层移动到绘图页面中其他图形对象的最前面，效果如图 4-14 所示。按 Shift+PageUp 组合键，也可以完成这个操作。

选择"到图层后面"命令，可以将背景图形从当前层移动到绘图页面中其他图形对象的最后面，如图 4-15 所示。按 Shift+PageDown 组合键，也可以完成这个操作。

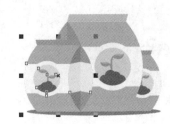

图 4-13   图 4-14   图 4-15

选择"向前一层"命令，可以将选定的图形从当前位置向前移动一个图层，如图 4-16 所示。按 Ctrl+PageUp 组合键，也可以完成这个操作。

当图形位于图层最前面的位置时，选择"向后一层"命令，可以将选定的图形从当前位置向后移动一个图层，如图 4-17 所示。按 Ctrl+PageDown 组合键，也可以完成这个操作。

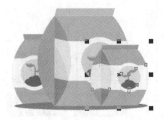

图 4-16   图 4-17

选择"置于此对象前"命令，可以将选择的图形放置到指定图形对象的前面。选择"置于此对象前"命令后，鼠标的光标变为黑色箭头，使用黑色箭头单击指定的图形对象，如图 4-18 所示，图形被放置到指定图形对象的前面，效果如图 4-19 所示。

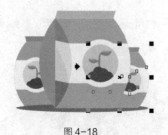

图 4-18

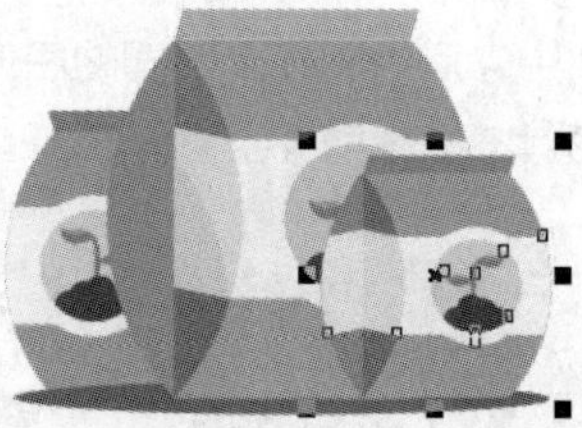

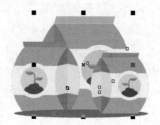

图 4-19

选择"置于此对象后"命令，可以将选择的图形放置到指定图形对象的后面。选择"置于此对象后"命令后，鼠标的光标变为黑色箭头，使用黑色箭头单击指定的图形对象，如图 4-20 所示，图形被放置到指定的背景图形对象的后面，效果如图 4-21 所示。

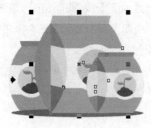

图 4-20

图 4-21

4.2.2　课堂案例——制作名片

【案例学习目标】

学习使用"导入"命令、"对齐和分布"泊坞窗制作名片。

【案例知识要点】

使用"导入"命令导入素材图片；使用"对齐与分布"泊坞窗对齐所选对象；使用"手绘"工具、"矩形"工具和"旋转角度"选项绘制装饰图形；名片效果如图 4-22 所示。

【效果所在位置】

云盘/Ch04/效果/制作名片.cdr。

图 4-22

（1）按 Ctrl+N 组合键，弹出"创建新文档"对话框，设置文档的宽度为 90 mm，高度为 55 mm，取向为横向，原色模式为 CMYK，渲染分辨率为 300 像素/英寸，单击"确定"按钮，创建一个文档。

（2）双击"矩形"工具 ，绘制一个与页面大小相等的矩形，如图 4-23 所示，选择"选择"工具 ，向上拖曳矩形下边中间的控制手柄到适当的位置，调整其大小，如图 4-24 所示。

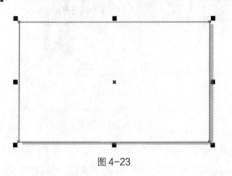

图 4-23

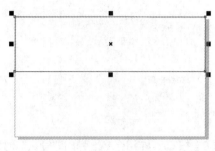

图 4-24

（3）保持矩形选取状态。设置图形颜色的 CMYK 值为 13、0、80、0，填充图形，并去除图形的轮廓线，效果如图 4-25 所示。

（4）按 Ctrl+I 组合键，弹出"导入"对话框，选择云盘中的"Ch04 > 素材 > 制作名片 > 01、02"文件，单击"导入"按钮，在页面中分别单击导入图片，如图 4-26 所示。

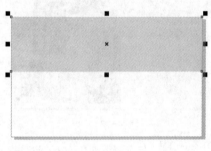

图 4-25

图 4-26

（5）选择"选择"工具 ，按住 Shift 键的同时，依次单击导入的图片将其同时选取，如图 4-27 所示。选择"对象 > 对齐和分布 > 对齐与分布"命令，弹出"对齐与分布"泊坞窗，单击"页面边缘"按钮 ，如图 4-28 所示；再单击"顶端对齐"按钮 ，如图 4-29 所示，图形顶对齐效果如图 4-30 所示。

图 4-27

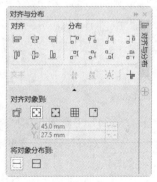

图 4-28

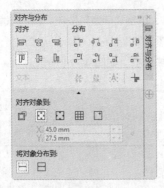

图 4-29

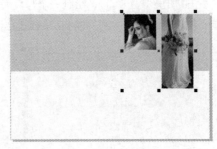

图 4-30

（6）按 Ctrl+I 组合键，弹出"导入"对话框，选择云盘中的"Ch04 > 素材 > 制作名片 > 03、04"文件，单击"导入"按钮，在页面中分别单击导入图片，如图 4-31 所示。选择"选择"工具 ，按住 Shift 键的同时，依次单击需要的图片将其同时选取（先选右下角图片再选右上角图片作为目标对象），如图 4-32 所示。

图 4-31

图 4-32

（7）在"对齐与分布"泊坞窗中，单击"活动对象"按钮 ，与选择的对象对齐，如图 4-33 所示；再单击"水平居中对齐"按钮 ，如图 4-34 所示，图形居中对齐效果如图 4-35 所示。

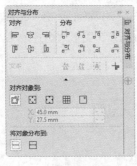

图 4-33

图 4-34

图 4-35

（8）选择"选择"工具 ，用框选的方法将左侧图片同时选取（从左下角向右上角框选），如图 4-36 所示。在"对齐与分布"泊坞窗中，单击"右对齐"按钮 ，如图 4-37 所示，图形右对齐效果如图 4-38 所示。

  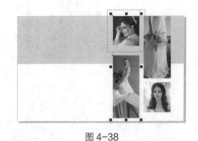

图 4-36　　　　　　　　　图 4-37　　　　　　　　　图 4-38

（9）选择"选择"工具 ，按住 Shift 键的同时，依次单击需要的图片将其同时选取（先选左下角图片，再选右下角图片作为目标对象），如图 4-39 所示。在"对齐与分布"泊坞窗中，单击"底端对齐"按钮 ，如图 4-40 所示，图形底对齐效果如图 4-41 所示。

图 4-39　　　　　　　　　图 4-40　　　　　　　　　图 4-41

（10）选择"手绘"工具 ，按住 Ctrl 键的同时，在适当的位置绘制一条直线，并在属性栏中的"轮廓宽度" 0.2 mm 框中设置数值为 0.5 mm，按 Enter 键，效果如图 4-42 所示。

（11）选择"矩形"工具 ，按住 Ctrl 键的同时，在适当的位置绘制一个正方形，填充图形为黑色，并去除图形的轮廓线，效果如图 4-43 所示。在属性栏中的"旋转角度" .0 框中设置数值为 45；按 Enter 键，效果如图 4-44 所示。

图 4-42　　　　　　　　　图 4-43　　　　　　　　　图 4-44

（12）按数字键盘上的+键，复制正方形。选择"选择"工具 ，按住 Shift 键的同时，垂直向下拖曳复制的正方形到适当的位置，效果如图 4-45 所示。按 Ctrl+D 组合键，按需要再复制一个正方形，效果如图 4-46 所示。

图 4-45　　　　　　　　　　　　　　　　图 4-46

（13）按 Ctrl+I 组合键，弹出"导入"对话框，选择云盘中的"Ch04 > 素材 > 制作名片 > 05"文件，单击"导入"按钮，在页面中单击导入文字，选择"选择"工具 🖢，拖曳文字到适当的位置，效果如图 4-47 所示。名片制作完成，效果如图 4-48 所示。

图 4-47　　　　　　　　　　　　　　　　图 4-48

4.3　对象的组合和合并

CorelDRAW X8 提供了组合和合并功能。组合可以将多个不同的图形对象群组在一起，方便整体操作。合并可以将多个图形对象合并在一起，创建一个新的对象。下面介绍组合和合并的方法和技巧。

4.3.1　对象的组合

使用"选择"工具 🖢 选取要进行组合的图形对象，如图 4-49 所示。选择"对象 > 组合 > 组合对象"命令，或按 Ctrl+G 组合键，或单击属性栏中的"组合对象"按钮 🔲，都可以将多个图形对象进行群组，效果如图 4-50 所示。按住 Ctrl 键，选择"选择"工具 🖢，单击需要选取的子对象，松开 Ctrl 键，子对象被选取，效果如图 4-51 所示。

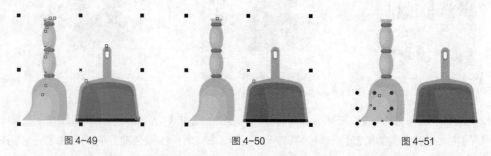

图 4-49　　　　　　　　图 4-50　　　　　　　　图 4-51

群组后的图形对象变成一个整体，移动一个对象，其他的对象将会随着移动，填充一个对象，其他的对象也将随着被填充。

选择"对象 > 组合 > 取消组合对象"命令，或按 Ctrl+U 组合键，或单击属性栏中的"取消组合对象"按钮，可以取消对象的群组状态。选择"对象 > 组合 > 取消组合所有对象"命令，或单击属性栏中的"取消组合所有对象"按钮，可以取消所有对象的群组状态。

提 示　在群组中，子对象可以是多个对象组成的群组，称之为群组的嵌套。使用群组的嵌套可以管理多个对象之间的关系。

4.3.2　对象的合并

绘制几个图形对象，如图 4-52 所示。使用"选择"工具选取要进行合并的图形对象，如图 4-53 所示。

图 4-52

图 4-53

选择"对象 > 合并"命令，或按 Ctrl+L 组合键，可以将多个图形对象结合，效果如图 4-54 所示。

使用"形状"工具选中结合后的图形对象，可以对图形对象的节点进行调整，如图 4-55 所示，改变图形对象的形状，效果如图 4-56 所示。

图 4-54

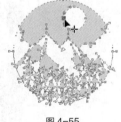
图 4-55

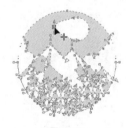
图 4-56

选择"对象 > 拆分曲线"命令，或按 Ctrl+K 组合键，可以取消图形对象的合并状态，原来合并的图形对象将变为多个单独的图形对象。

提 示　如果对象合并前有颜色填充，那么合并后的对象将显示最后选取对象的颜色。如果使用圈选的方法选取对象，将显示圈选框最下方对象的颜色。

4.3.3 课堂案例——绘制汉堡插画

【案例学习目标】

学习使用多种图形绘制工具、"组合对象"命令绘制汉堡插画。

【案例知识要点】

使用"矩形"工具、"转角半径"选项、"椭圆形"工具和"合并"按钮绘制汉堡；使用"组合对象"命令对图形进行群组；汉堡插画效果如图 4-57 所示。

【效果所在位置】

云盘/Ch04/效果/绘制汉堡插画.cdr。

图 4-57

（1）按 Ctrl+N 组合键，弹出"创建新文档"对话框，设置文档的宽度为 100 mm、高度为 100 mm，取向为纵向，原色模式为 CMYK，渲染分辨率为 300 像素/英寸，单击"确定"按钮，创建一个文档。

（2）双击"矩形"工具 ▣，绘制一个与页面大小相等的矩形，如图 4-58 所示，设置图形颜色的 CMYK 值为 73、64、37、0，填充图形，并去除图形的轮廓线，效果如图 4-59 所示。

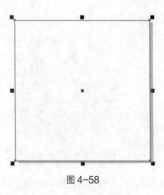

图 4-58   图 4-59

（3）选择"矩形"工具 ▣，在适当的位置绘制一个矩形，如图 4-60 所示，按 Alt+F9 组合键，弹出"变换"泊坞窗，选项的设置如图 4-61 所示，再单击"应用"按钮 [应用] ，效果如图 4-62 所示。

（4）在属性栏中将"转角半径"选项设为 1.0 mm、1.0 mm、5.0 mm 和 5.0 mm，如图 4-63 所示；按 Enter 键，效果如图 4-64 所示。设置图形颜色的 CMYK 值为 2、49、53、0，填充图形，并去除图形的轮廓线，效果如图 4-65 所示。

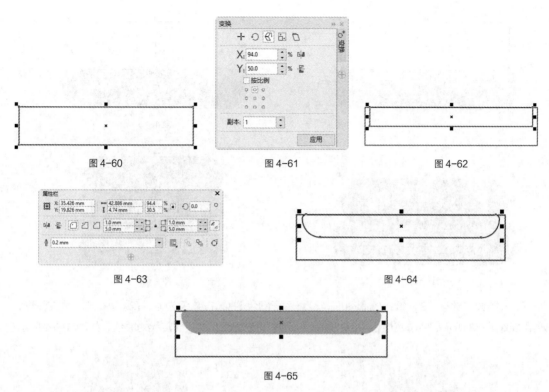

图 4-60　　　　　　　图 4-61　　　　　　　图 4-62

图 4-63　　　　　　　　　　　图 4-64

图 4-65

（5）选择"选择"工具，选取下方矩形，在属性栏中将"转角半径"选项设为 2.0 mm、2.0 mm、5.0 mm 和 5.0 mm，如图 4-66 所示；按 Enter 键，效果如图 4-67 所示。设置图形颜色的 CMYK 值为 21、67、87、0，填充图形，并去除图形的轮廓线，效果如图 4-68 所示。

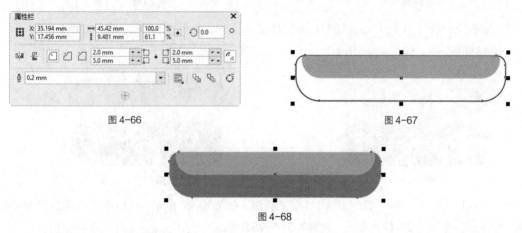

图 4-66　　　　　　　　　　　图 4-67

图 4-68

（6）选择"矩形"工具，在适当的位置绘制一个矩形，如图 4-69 所示。在属性栏中将"转角半径"选项均设为 10.0 mm；按 Enter 键，效果如图 4-70 所示。

（7）保持图形选取状态。设置图形颜色的 CMYK 值为 39、77、91、3，填充图形，并去除图形的轮廓线，效果如图 4-71 所示。按数字键盘上的+键，复制图形。选择"选择"工具，按住 Shift 键的同时，垂直向上拖曳复制的图形到适当的位置，效果如图 4-72 所示。

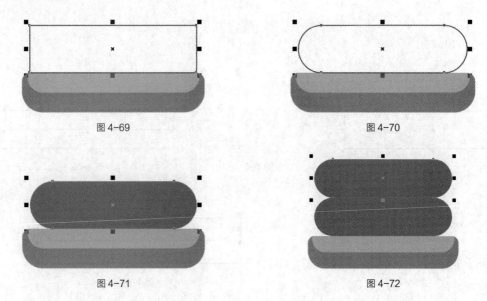

图 4-69 图 4-70

图 4-71 图 4-72

（8）按数字键盘上的+键，复制图形。设置图形颜色的 CMYK 值为 0、12、79、0，填充图形，效果如图 4-73 所示。单击属性栏中的"转换为曲线"按钮 ⟳，将图形转换为曲线，如图 4-74 所示。

图 4-73 图 4-74

（9）选择"形状"工具 ⯎，用圈选的方法将圆角矩形上方的两个节点同时选取，如图 4-75 所示，按 Delete 键将其删除，如图 4-76 所示。

图 4-75 图 4-76

（10）使用"形状"工具 ⯎，单击选中需要的弧线，如图 4-77 所示，在属性栏中单击"转换为线条"按钮 ⤢，将曲线段转换为直线，效果如图 4-78 所示。

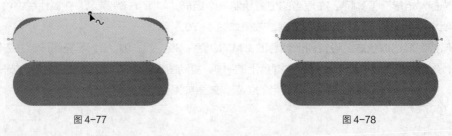

图 4-77 图 4-78

（11）使用"形状"工具 ，在适当的位置分别双击鼠标左键，添加 3 个节点，如图 4-79 所示。选中并向下拖曳中间添加的节点到适当的位置，效果如图 4-80 所示。

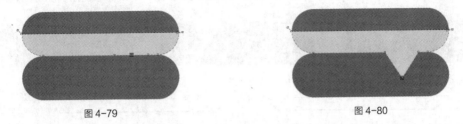

图 4-79　　　　　　　　　　　图 4-80

（12）选择"椭圆形"工具 ，按住 Ctrl 键的同时，在适当的位置绘制一个圆形，效果如图 4-81 所示。按数字键盘上的+键，复制圆形。选择"选择"工具 ，按住 Shift 键的同时，水平向右拖曳复制的圆形到适当的位置，效果如图 4-82 所示。按住 Ctrl 键，再连续点按 D 键，按需要再复制出多个圆形，效果如图 4-83 所示。

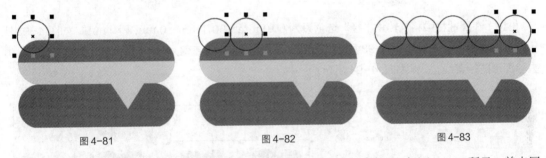

图 4-81　　　　　　　　图 4-82　　　　　　　　图 4-83

（13）选择"选择"工具 ，用圈选的方法将所绘制的圆形同时选取，如图 4-84 所示，单击属性栏中的"合并"按钮 ，合并图形，如图 4-85 所示。设置图形颜色的 CMYK 值为 58、0、93、0，填充图形，并去除图形的轮廓线，效果如图 4-86 所示。

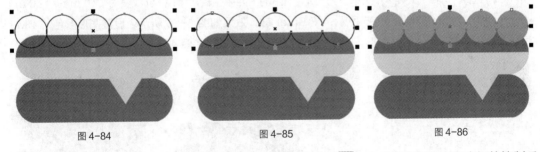

图 4-84　　　　　　　　图 4-85　　　　　　　　图 4-86

（14）按数字键盘上的+键，复制图形。选择"选择"工具 ，向上拖曳图形下方中间的控制手柄到适当的位置，调整其大小，如图 4-87 所示。设置图形颜色的 CMYK 值为 75、11、97、0，填充图形，效果如图 4-88 所示。按住 Shift 键的同时，向左拖曳图形右侧中间的控制手柄到适当的位置，调整其大小，如图 4-89 所示。

（15）选择"矩形"工具 ，在适当的位置绘制一个矩形，如图 4-90 所示，按数字键盘上的+键，复制矩形。选择"选择"工具 ，向上拖曳矩形下边中间的控制手柄到适当的位置，调整其大小，如图 4-91 所示。

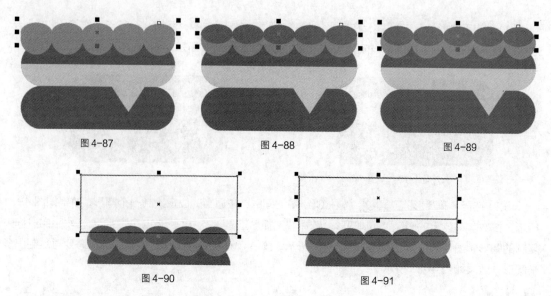

图 4-87　　　　　　　　图 4-88　　　　　　　　图 4-89

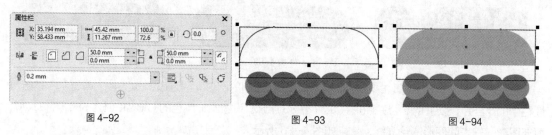

图 4-90　　　　　　　　　　　图 4-91

（16）在属性栏中将"转角半径"选项设为 50.0 mm、50.0 mm、0 mm 和 0 mm，如图 4-92 所示；按 Enter 键，效果如图 4-93 所示。设置图形颜色的 CMYK 值为 2、49、53、0，填充图形，并去除图形的轮廓线，效果如图 4-94 所示。

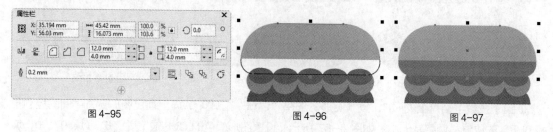

图 4-92　　　　　　　　图 4-93　　　　　　　　图 4-94

（17）选择"选择"工具 ▶，选取下方矩形，在属性栏中将"转角半径"选项设为 12.0 mm、12.0 mm、4.0 mm 和 4.0 mm，如图 4-95 所示；按 Enter 键，效果如图 4-96 所示。设置图形颜色的 CMYK 值为 21、67、87、0，填充图形，并去除图形的轮廓线，效果如图 4-97 所示。

图 4-95　　　　　　　　图 4-96　　　　　　　　图 4-97

（18）选择"矩形"工具 □，在适当的位置绘制一个矩形，设置图形颜色的 CMYK 值为 83、78、58、27，填充图形，并去除图形的轮廓线，效果如图 4-98 所示。按 Shift+PageDown 组合键，将圆形移至图层后面，效果如图 4-99 所示。

（19）选择"椭圆形"工具 ○，按住 Ctrl 键的同时，在适当的位置绘制一个圆形，如图 4-100 所示。设置图形颜色的 CMYK 值为 75、11、97、0，填充图形，并去除图形的轮廓线，效果如图 4-101 所示。

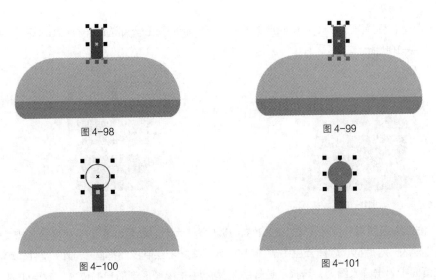

图 4-98   图 4-99

图 4-100   图 4-101

（20）选择"3 点椭圆形"工具 🖫，在适当的位置分别拖曳光标绘制倾斜椭圆形，如图 4-102 所示。选择"选择"工具 ▶，用圈选的方法将所绘制的椭圆形同时选取，按 Ctrl+G 组合键，将其编组，设置图形颜色的 CMYK 值为 5、22、29、0，填充图形，并去除图形的轮廓线，效果如图 4-103 所示。

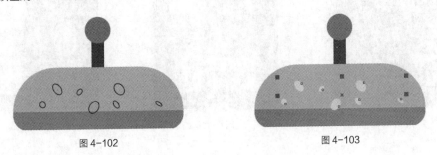

图 4-102   图 4-103

（21）按数字键盘上的+键，复制图形。选择"选择"工具 ▶，按住 Shift 键的同时，垂直向下拖曳复制的图形到适当的位置，效果如图 4-104 所示。单击属性栏中的"垂直镜像"按钮 🖳，垂直翻转图形，效果如图 4-105 所示。设置图形颜色的 CMYK 值为 2、49、53、0，填充图形，效果如图 4-106 所示。

图 4-104   图 4-105   图 4-106

（22）选择"矩形"工具 ▢，在适当的位置绘制一个矩形，设置图形颜色的 CMYK 值为 5、22、29、0，填充图形，并去除图形的轮廓线，效果如图 4-107 所示。

（23）选择"选择"工具 ，用圈选的方法将所绘制的图形全部选取，按 Ctrl+G 组合键，将其编组，如图 4-108 所示。

图 4-107   图 4-108

（24）拖曳编组图形到页面中适当的位置，并调整其大小，效果如图 4-109 所示。按 Ctrl+I 组合键，弹出"导入"对话框，选择云盘中的"Ch04 > 素材 > 绘制汉堡插画 > 01"文件，单击"导入"按钮，在页面中单击导入图形，选择"选择"工具 ，拖曳图形到适当的位置，效果如图 4-110 所示。汉堡插画插画绘制完成，效果如图 4-111 所示。

图 4-109   图 4-110   图 4-111

课堂练习——制作中秋节海报

【练习知识要点】

使用"导入"命令导入素材图片；使用"对齐与分布"命令对齐对象；使用"文本"工具、"形状"工具添加并编辑主题文字；效果如图 4-112 所示。

图 4-112

【效果所在位置】

云盘/Ch04/效果/制作中秋节海报.cdr。

课后习题——绘制灭火器图标

【习题知识要点】

使用"椭圆形"工具、"轮廓笔"工具绘制背景；使用"矩形"工具、"椭圆形"工具、"3 点矩形"工具、"移除前面对象"按钮、"合并"按钮和"贝塞尔"工具绘制灭火器图标；使用"文本"工具、"文本属性"泊坞窗添加文字；效果如图 4-113 所示。

【效果所在位置】

云盘/Ch04/效果/绘制灭火器图标.cdr。

图 4-113

第 5 章
文本的编辑

文本是设计的重要组成部分，是最基本的设计元素。本章主要讲解文本的操作方法和技巧、文本效果的制作方法、插入字符等内容。通过学习这些内容，可以快速地输入文本并设计制作出多样的文本效果，准确传达出要表述的信息，丰富视觉效果，提高阅读兴趣。

课堂学习目标

- ✔ 掌握文本的基本操作方法和技巧
- ✔ 掌握文本效果的制作方法和技巧
- ✔ 掌握插入字符的方法
- ✔ 掌握将文本转换为曲线的方法

5.1 文本的基本操作

在 CorelDRAW X8 中，文本是具有特殊属性的图形对象。下面介绍在 CorelDRAW X8 中处理文本的一些基本操作。

5.1.1 创建文本

CorelDRAW X8 中的文本有两种类型，分别是美术字文本和段落文本。它们在使用方法、应用编辑格式、应用特殊效果等方面有很大的区别。

1. 输入美术字文本

选择"文本"工具**字**，在绘图页面中单击鼠标左键，出现"I"形插入文本光标，这时属性栏显示为"文本"工具属性栏，选择字体，设置字号和字符属性，如图 5-1 所示。设置好后，直接输入美术字文本，效果如图 5-2 所示。

图 5-1

图 5-2

2. 输入段落文本

选择"文本"工具**字**，在绘图页面中按住鼠标左键不放，沿对角线拖曳光标，出现一个矩形的文本框，松开鼠标左键，文本框如图 5-3 所示。在属性栏中选择字体，设置字号和字符属性，如图 5-4 所示。设置好后，直接在虚线框中输入段落文本，效果如图 5-5 所示。

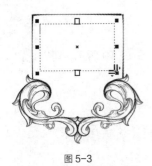

图 5-3

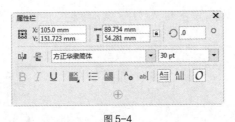

图 5-4

图 5-5

技 巧　利用"剪切""复制"和"粘贴"等命令，可以将其他文本处理软件中的文本复制到 CorelDRAW X8 的文本框中，如 Office 软件中的文本。

3. 转换文本模式

使用"选择"工具选中美术字文本，如图 5-6 所示。选择"文本 > 转换为段落文本"命令，或按 Ctrl+F8 组合键，可以将其转换到段落文本，如图 5-7 所示。再次按 Ctrl+F8 组合键，可以将其转换回美术字文本，如图 5-8 所示。

技 巧　将美术字文本转换成段落文本后，它就不是图形对象了，也就不能对其进行特殊效果的操作。将段落文本转换成美术字文本后，它会失去段落文本的格式。

图 5-6

图 5-7

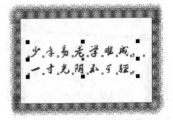

图 5-8

5.1.2　改变文本的属性

1. 在属性栏中改变文本的属性

选择"文本"工具 字，属性栏如图 5-9 所示。各选项的含义如下。

字体：单击 `Arial ▾` 右侧的三角按钮，可以选取需要的字体。

字号：单击 `12 pt ▾` 右侧的三角按钮，可以选取需要的字号。

B *I* U：设定字体为粗体、斜体或下划线。

"文本对齐"按钮 ：在其下拉列表中选择文本的对齐方式。

"文本属性"按钮 ：打开"文本属性"泊坞窗。

"编辑文本"按钮 `ab|`：打开"编辑文本"对话框，可以编辑文本的各种属性。

 和 ：设置文本的排列方式为水平或垂直。

2. 利用"文本属性"泊坞窗改变文本的属性

单击属性栏中的"文本属性"按钮 ，打开"文本属性"泊坞窗，如图 5-10 所示，可以设置文字的字体及大小等属性。

图 5-9　　　　　　　　　　　　　　　　　图 5-10

5.1.3　设置间距

输入美术字文本或段落文本，效果如图 5-11 所示。使用"形状"工具 选中文本，文本的节点将处于编辑状态，如图 5-12 所示。用鼠标拖曳 图标，可以调整文本中字符和字符的间距；拖曳 图标，可以调整文本中行的间距，如图 5-13 所示。使用键盘上的方向键，可以对文本进行微调。

图 5-11　　　　　　　　　图 5-12　　　　　　　　　图 5-13

　　按住 Shift 键，将段落中第二行文字左下角的节点全部选中，如图 5-14 所示。将鼠标指针放在黑色的节点上并拖曳鼠标，如图 5-15 所示。可以将第二行文字移动到需要的位置，效果如图 5-16 所示。使用相同的方法可以对单个字进行移动调整。

图 5-14　　　　　　　　　　　　图 5-15　　　　　　　　　　　　图 5-16

技巧　　单击"文本"工具属性栏中的"文本属性"按钮 ，弹出"文本属性"泊坞窗，在"段落"设置区中，"字符间距"选项可以用来设置字符的间距，"行间距"选项可以用来设置行的间距，来控制段落中行与行之间的距离。

5.1.4　课堂案例——制作女装 App 引导页

【案例学习目标】

学习使用"文本"工具、"文本属性"泊坞窗制作女装 App 引导页。

【案例知识要点】

使用"矩形"工具、"导入"命令和"置于图文框内部"命令制作底图；使用"文本"工具、"文本属性"泊坞窗添加文字信息；女装 App 引导页效果如图 5-17 所示。

【效果所在位置】

云盘/Ch05/效果/制作女装 App 引导页.cdr。

图 5-17

　　（1）按 Ctrl+N 组合键，弹出"创建新文档"对话框，设置文档的宽度为 750 px、高度为 1334 px，取向为纵向，原色模式为 RGB，渲染分辨率为 72 像素/英寸，单击"确定"按钮，创建一个文档。

（2）选择"矩形"工具▢，在页面中绘制一个矩形，如图 5-18 所示，设置图形颜色的 RGB 值为 255、204、204，填充图形，并去除图形的轮廓线，效果如图 5-19 所示。

（3）按 Ctrl+I 组合键，弹出"导入"对话框，选择云盘中的"Ch05 > 素材 > 制作女装 App 引导页 > 01"文件，单击"导入"按钮，在页面中单击导入图片，选择"选择"工具▶，拖曳人物图片到适当的位置，效果如图 5-20 所示。

（4）选择"矩形"工具▢，在适当的位置绘制一个矩形，设置轮廓线为白色，并在属性栏中的"轮廓宽度" ◇ 1 px ▾ 框中设置数值为 8 px；按 Enter 键，效果如图 5-21 所示。

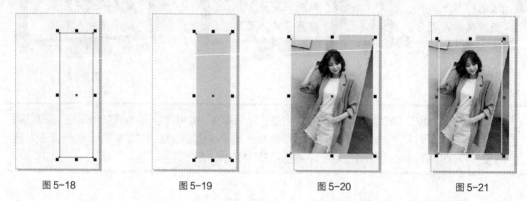

图 5-18　　　　　　图 5-19　　　　　　图 5-20　　　　　　图 5-21

（5）选择"选择"工具▶，选取下方人物图片，选择"对象 > PowerClip > 置于图文框内部"命令，鼠标光标变为黑色箭头形状，在矩形框上单击鼠标左键，如图 5-22 所示，将图片置入矩形框中，效果如图 5-23 所示。

（6）选择"文本"工具字，在页面中分别输入需要的文字，选择"选择"工具▶，在属性栏中分别选取适当的字体并设置文字大小，单击"将文本更改为垂直方向"按钮▥，更改文字方向，效果如图 5-24 所示。

图 5-22　　　　　　　图 5-23　　　　　　　图 5-24

（7）选择"文本"工具字，在适当的位置输入需要的文字，选择"选择"工具▶，在属性栏中选取适当的字体并设置文字大小，单击"将文本更改为水平方向"按钮▤，更改文字方向，效果如图 5-25 所示。设置文字颜色的 RGB 值为 255、204、204，填充文字，效果如图 5-26 所示。

（8）选择"文本"工具字，选取数字"2"，如图 5-27 所示，按 Ctrl+T 组合键，弹出"文本属性"泊坞窗，单击"位置"按钮X^2，在弹出的下拉列表中选择"上标"选项，如图 5-28 所示，上标效果如图 5-29 所示。

图 5-25

图 5-26

图 5-27

图 5-28

图 5-29

（9）在属性栏中的"旋转角度" 框中设置数值为 20；按 Enter 键，效果如图 5-30 所示。选择"文本"工具，在适当的位置拖曳出一个文本框，如图 5-31 所示。在文本框中输入需要的文字，在属性栏中选取适当的字体并设置文字大小，效果如图 5-32 所示。

图 5-30

图 5-31

图 5-32

（10）在"文本属性"泊坞窗中，单击"右对齐"按钮，其他选项的设置如图 5-33 所示；按 Enter 键，效果如图 5-34 所示。女装 App 引导页制作完成，效果如图 5-35 所示。

图 5-33

图 5-34

图 5-35

5.2 文本效果

在 CorelDRAW X8 中，可以根据设计制作任务的需要，制作多种文本效果。下面将具体讲解文本效果的制作。

5.2.1 设置首字下沉和项目符号

1. 设置首字下沉

在绘图页面中打开一个段落文本，效果如图 5-36 所示。选择"文本 > 首字下沉"命令，出现"首字下沉"对话框，勾选"使用首字下沉"复选框，如图 5-37 所示。

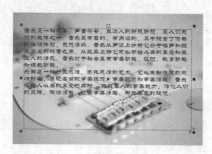

图 5-36

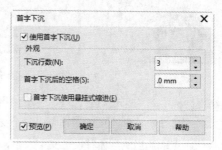

图 5-37

单击"确定"按钮，各段落首字下沉效果如图 5-38 所示，勾选"首字下沉使用悬挂式缩进"复选框，单击"确定"按钮，悬挂式缩进首字下沉效果如图 5-39 所示。

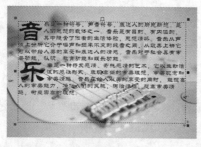

图 5-38

图 5-39

2. 设置项目符号

在绘图页面中打开一个段落文本，效果如图 5-40 所示。选择"文本 > 项目符号"命令，弹出"项目符号"对话框，勾选"使用项目符号"复选框，对话框如图 5-41 所示。

在对话框"外观"设置区的"字体"选项中可以设置字体的类型；在"符号"选项中可以选择项目符号样式；在"大小"选项中可以设置字体符号的大小；在"基线位移"选项中可以选择基线的距离。在"间距"设置区中可以调节文本和项目符号的缩进距离。

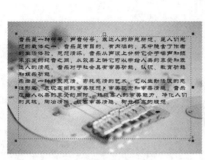

图 5-40

图 5-41

设置需要的选项，如图 5-42 所示。单击"确定"按钮，段落文本中添加了新的项目符号，效果如图 5-43 所示。

图 5-42

图 5-43

在段落文本中需要另起一段的位置插入光标，如图 5-44 所示。按 Enter 键，项目符号会自动添加在新段落的前面，效果如图 5-45 所示。

图 5-44

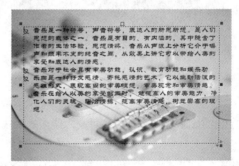

图 5-45

5.2.2 文本绕路径

选择"文本"工具 **字**，在绘图页面中输入美术字文本。使用"贝塞尔"工具 ✎，绘制一个路径，选中美术字文本，效果如图 5-46 所示。

选择"文本 > 使文本适合路径"命令，出现箭头图标，将箭头放在路径上，文本自动绕路径排列，如图 5-47 所示。单击鼠标左键确定，效果如图 5-48 所示。

图 5-46　　　　　　　　　图 5-47　　　　　　　　　图 5-48

选中绕路径排列的文本，如图 5-49 所示。在图 5-50 所示的属性栏中可以设置"文字方向""与路径距离""水平偏移"选项。

图 5-49　　　　　　　　　　　　图 5-50

通过设置可以产生多种文本绕路径的效果，如图 5-51 所示。

图 5-51

5.2.3　文本绕图

CorelDRAW X8 提供了多种文本绕图的形式，应用好文本绕图可以使设计制作的杂志或报刊更加生动美观。

选择"文件 > 导入"命令，或按 Ctrl+I 组合键，弹出"导入"对话框，在对话框的"查找范围"列表框中选择需要的文件夹，在文件夹中选取需要的位图文件，单击"导入"按钮，在页面中单击鼠标左键，图形被导入到页面中，将其调整到段落文本中的适当位置，效果如图 5-52 所示。

在属性栏中单击"文本换行"按钮 ，在弹出的下拉菜单中选择需要的绕图方式，如图 5-53 所示，文本绕图效果如图 5-54 所示。在属性栏中单击"文本换行"按钮 ，在弹出的下拉菜单中可以设置换行样式，在"文本换行偏移"选项的数值框中可以设置偏移距离，如图 5-55 所示。

| 图 5-52 | 图 5-53 | 图 5-54 | 图 5-55 |

5.2.4　对齐文本

选择"文本"工具 ，在绘图页面中输入段落文本，单击"文本"工具属性栏中的"文本对齐"按钮，弹出其下拉列表，共有 6 种对齐方式，如图 5-56 所示。

选择"文本 > 文本属性"命令，弹出"文本属性"泊坞窗，单击"段落"按钮，切换到"段落"属性泊坞窗，单击"调整间距设置"按钮，弹出"间距设置"对话框，在对话框中可以选择文本的对齐方式，如图 5-57 所示。

无：CorelDRAW X8 默认的对齐方式。选择它将对文本不产生影响，文本可以自由地变换，但单纯的无对齐方式文本的边界会参差不齐。

| 图 5-56 | 图 5-57 |

左：选择左对齐后，段落文本会以文本框的左边界对齐。

中：选择居中对齐后，段落文本的每一行都会在文本框中居中。

右：选择右对齐后，段落文本会以文本框的右边界对齐。

全部调整：选择全部对齐后，段落文本的每一行都会同时对齐文本框的左右两端。

强制调整：选择强制全部对齐后，可以对段落文本的所有格式进行调整。

选中进行过移动调整的文本，如图 5-58 所示，选择"文本 > 对齐基线"命令，可以将文本重新对齐，效果如图 5-59 所示。

blackberry
carambola
cumquat
hawthorn

| 图 5-58 | 图 5-59 |

5.2.5 内置文本

选择"文本"工具字，在绘图页面中输入美术字文本，使用"贝塞尔"工具 ✐ 绘制一个图形，选中美术字文本，效果如图 5-60 所示。

用鼠标右键拖曳文本到图形内，当光标变为十字形的圆环 ⊕ 时，松开鼠标右键，弹出快捷菜单，选择"内置文本"命令，如图 5-61 所示，文本被置入到图形内，美术字文本自动转换为段落文本，效果如图 5-62 所示。选择"文本 > 段落文本框 > 使文本适合框架"命令，文本和图形对象基本适配，效果如图 5-63 所示。

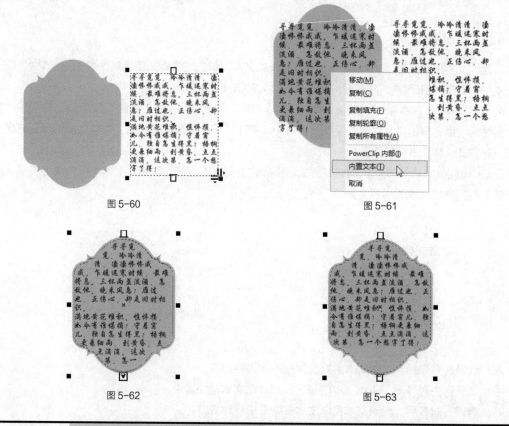

图 5-60　　　　　　　　　　　　　　　图 5-61

图 5-62　　　　　　　　　　　　　　　图 5-63

技巧

选择"对象 > 拆分路径内的段落文本"命令，可以将路径内的文本与路径分离。

5.2.6 段落文字的连接

在文本框中经常出现文本被遮住而不能完全显示的问题，如图 5-64 所示。可以通过调整文本框的大小来使文本完全显示，或通过多个文本框的连接来使文本完全显示。

选择"文本"工具字，单击文本框下部的 ▣ 图标，鼠标指针变为 ▤ 形状，在页面中按住鼠标左键不放，沿对角线拖曳鼠标，绘制一个新的文本框，如图 5-65 所示。松开鼠标左键，在新绘制的文本框中显示出被遮住的文字，效果如图 5-66 所示。拖曳文本框到适当的位置，如图 5-67 所示。

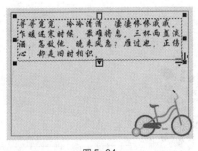

图 5-64

图 5-65

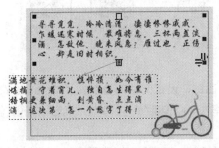

图 5-66

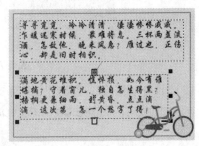

图 5-67

5.2.7　段落分栏

选择一个段落文本，如图 5-68 所示。选择"文本 > 栏"命令，弹出"栏设置"对话框，将"栏数"选项设置为"2"，栏间宽度设置为"8mm"，如图 5-69 所示，设置好后，单击"确定"按钮，段落文本被分为两栏，效果如图 5-70 所示。

图 5-68

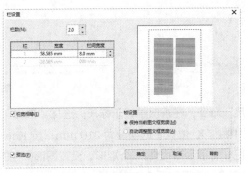

图 5-69

图 5-70

5.2.8　课堂案例——制作美食杂志内页

【案例学习目标】

学习使用"文本"工具、"栏"命令和"插入字符"命令制作美食杂志内页。

【案例知识要点】

使用"导入"命令导入素材图片；使用"文本"工具、"文本属性"泊坞窗添加内页文字；使用

"栏"命令制作文字分栏效果；使用"插入字符"命令添加符号字符；美食杂志内页效果如图 5-71 所示。

【效果所在位置】

云盘/Ch05/效果/制作美食杂志内页.cdr。

图 5-71

（1）按 Ctrl+N 组合键，弹出"创建新文档"对话框，设置文档的宽度为 420 mm、高度为 285 mm，取向为横向，原色模式为 CMYK，渲染分辨率为 300 像素/英寸，单击"确定"按钮，创建一个文档。

（2）按 Ctrl+J 组合键，弹出"选项"对话框，选择"文档/页面尺寸"选项，在出血框中设置数值为 3.0，勾选"显示出血区域"复选框，如图 5-72 所示，单击"确定"按钮，页面效果如图 5-73 所示。

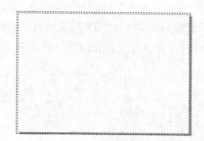

图 5-72   图 5-73

（3）选择"视图 > 标尺"命令，在视图中显示标尺。选择"选择"工具，在左侧标尺中拖曳一条垂直辅助线，在属性栏中将"X 位置"选项设为 210 mm；按 Enter 键，如图 5-74 所示。

（4）选择"矩形"工具，在页面中绘制一个矩形，设置图形颜色的 CMYK 值为 15、0、5、0，填充图形，并去除图形的轮廓线，效果如图 5-75 所示。

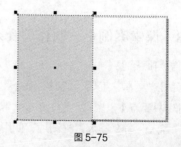

图 5-74   图 5-75

（5）按 Ctrl+I 组合键，弹出"导入"对话框，选择云盘中的"Ch05 > 素材 > 制作美食杂志内页 > 01、02"文件，单击"导入"按钮，在页面中分别单击导入图片，选择"选择"工具 ![箭头]，分别拖曳图片到适当的位置，并调整其大小，效果如图 5-76 所示。

（6）选择"文本"工具 字，在页面中输入需要的文字，选择"选择"工具 ![箭头]，在属性栏中选取适当的字体并设置文字大小，效果如图 5-77 所示。设置文字颜色的 CMYK 值为 60、0、20、20，填充文字，效果如图 5-78 所示。

图 5-76

图 5-77

图 5-78

（7）选择"文本"工具 字，在适当的位置拖曳出一个文本框，如图 5-79 所示。在文本框中输入需要的文字，在属性栏中选取适当的字体并设置文字大小，效果如图 5-80 所示。

图 5-79

图 5-80

（8）按 Ctrl+T 组合键，弹出"文本属性"泊坞窗，单击"两端对齐"按钮 ![图标]，其他选项的设置如图 5-81 所示；按 Enter 键，效果如图 5-82 所示。

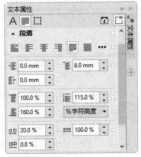
图 5-81

图 5-82

（9）选择"文本 > 栏"命令，弹出"栏设置"对话框，各选项的设置如图 5-83 所示；单击"确定"按钮，效果如图 5-84 所示。

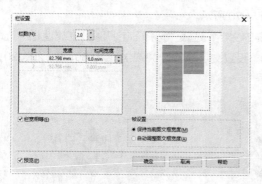

图 5-83 　　　　　　　　　　　　　　　　　　　　　图 5-84

（10）按 Ctrl+I 组合键，弹出"导入"对话框，选择云盘中的"Ch05 > 素材 > 制作美食杂志内页 > 03"文件，单击"导入"按钮，在页面中单击导入图形，选择"选择"工具 ，拖曳图形到适当的位置，效果如图 5-85 所示。

（11）选择"矩形"工具 ，在页面中绘制一个矩形，如图 5-86 所示。在属性栏中将"转角半径"选项设为 2.0 mm 和 0 mm，如图 5-87 所示；按 Enter 键，效果如图 5-88 所示。

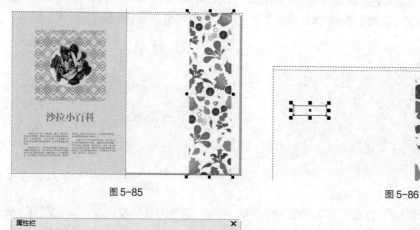

图 5-85 　　　　　　　　　　　　　　　　　　　　　图 5-86

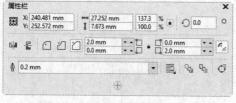

图 5-87 　　　　　　　　　　　　　　　　　　　　　图 5-88

（12）保持图形选取状态。设置图形颜色的 CMYK 值为 15、0、5、0，填充图形，并去除图形的轮廓线，效果如图 5-89 所示。

（13）选择"文本"工具 ，在适当的位置输入需要的文字，选择"选择"工具 ，在属性栏中选取适当的字体并设置文字大小，效果如图 5-90 所示。

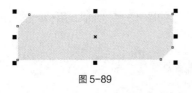

图 5-89   图 5-90

（14）选择"文本"工具 **字**，在适当的位置拖曳出一个文本框，如图 5-91 所示。在文本框中输入需要的文字，在属性栏中选取适当的字体并设置文字大小，效果如图 5-92 所示。

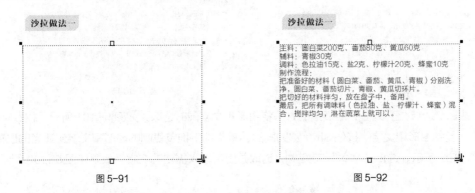

图 5-91   图 5-92

（15）在"文本属性"泊坞窗中，单击"左对齐"按钮 图，其他选项的设置如图 5-93 所示；按 Enter 键，效果如图 5-94 所示。选择"文本"工具 **字**，选取文字"制作流程："，在属性栏中选取适当的字体，效果如图 5-95 所示。

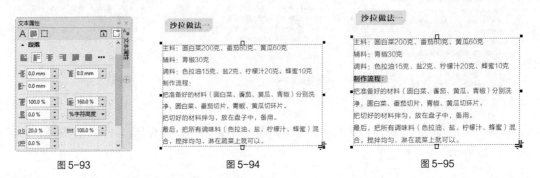

图 5-93   图 5-94   图 5-95

（16）选择"文本"工具 **字**，在文字"把"左侧单击插入光标，如图 5-96 所示。选择"文本 > 插入字符"命令，弹出"插入字符"泊坞窗，在泊坞窗中按需要进行设置并选择需要的字符，如图 5-97 所示，双击选取的字符，插入字符，效果如图 5-98 所示。

图 5-96   图 5-97   图 5-98

（17）在插入的字符后面，连续按两次空格键，插入空格，如图 5-99 所示。用相同的方法在下方段落中插入相同的字符，效果如图 5-100 所示。

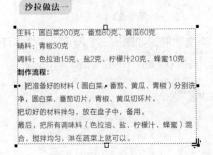

图 5-99 图 5-100

（18）选择"选择"工具 ，用圈选的方法将图形和文字同时选取，如图 5-101 所示。按数字键盘上的+键，复制图形和文字。按住 Shift 键的同时，垂直向下拖曳复制的图形和文字到适当的位置，效果如图 5-102 所示。选择"文本"工具 字 ，选取并重新输入需要的文字，效果如图 5-103 所示。

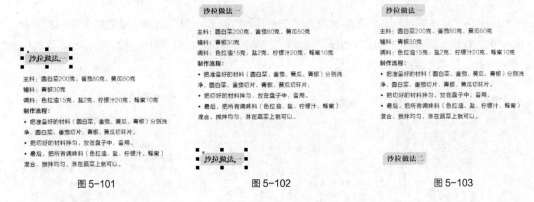

图 5-101 图 5-102 图 5-103

（19）用相同的方法制作其他文字，效果如图 5-104 所示。美食杂志内页制作完成，效果如图 5-105 所示。

图 5-104 图 5-105

5.3　插入字符

选择"文本"工具 字 ，在文本中需要的位置单击鼠标左键插入光标，如图 5-106 所示。选择"文本 > 插入字符"命令，或按 Ctrl+F11 组合键，弹出"插入字符"泊坞窗，在需要的字符上双击鼠标左键，如图 5-107 所示，字符插入到文本中，效果如图 5-108 所示。

图 5-106　　　　　　　　　　　图 5-107　　　　　　　　　　　图 5-108

5.4　将文本转换为曲线

5.4.1　文本的转换

使用 CorelDRAW X8 编辑好美术文本后，通常需要把文本转换为曲线。转换后既可以对美术文本任意变形，也可以使转曲后的文本对象不会丢失其文本格式，具体操作步骤如下。

选择"选择"工具 ，选中文本，如图 5-109 所示。选择"对象 > 转换为曲线"命令，或按 Ctrl+Q 组合键，将文本转化换曲线，如图 5-110 所示。可用"形状"工具 对曲线文本进行编辑，并修改文本的形状。

图 5-109　　　　　　　　　　　　　　　　　图 5-110

5.4.2 课堂案例——制作女装 Banner 广告

【案例学习目标】

学习使用"文本"工具、"转换为曲线"命令制作女装 Banner 广告。

【案例知识要点】

使用"文本"工具、"文本属性"泊坞窗添加标题文字；使用"转换为曲线"命令、"形状"工具、"多边形"工具编辑标题文字；女装 Banner 广告效果如图 5-111 所示。

【效果所在位置】

云盘/Ch05/效果/制作女装 Banner 广告.cdr。

图 5-111

（1）按 Ctrl+N 组合键，弹出"创建新文档"对话框，设置文档的宽度为 750 px、度为 360 px，取向为横向，原色模式为 RGB，渲染分辨率为 72 像素/英寸，单击"确定"按钮，创建一个文档。

（2）双击"矩形"工具 ▢，绘制一个与页面大小相等的矩形，如图 5-112 所示，设置图形颜色的 RGB 值为 255、132、0，填充图形，并去除图形的轮廓线，效果如图 5-113 所示。

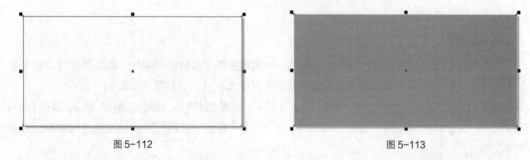

图 5-112   图 5-113

（3）选择"矩形"工具 ▢，在适当的位置绘制一个矩形，如图 5-114 所示，填充图形为白色，并在属性栏中的"轮廓宽度" ⊿ 1px ▾ 框中设置数值为 2 px；按 Enter 键，效果如图 5-115 所示。

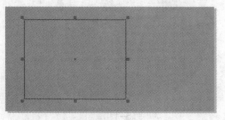
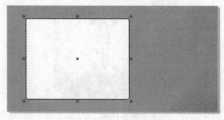

图 5-114   图 5-115

（4）按数字键盘上的+键，复制矩形。向右上角微调复制的矩形到适当的位置，效果如图 5-116 所示。用相同的方法再绘制一个矩形，并填充相应的颜色，效果如图 5-117 所示。

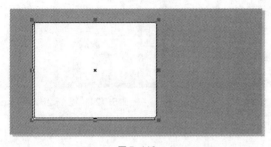

图 5-116

图 5-117

（5）按 Ctrl+I 组合键，弹出"导入"对话框，选择云盘中的"Ch05 > 素材 > 制作女装 Banner 广告 > 01、02"文件，单击"导入"按钮，在页面中分别单击导入图片，选择"选择"工具 ，分别拖曳图片到适当的位置，并调整其大小，效果如图 5-118 所示。

（6）选择"文本"工具 字，在页面中输入需要的文字，选择"选择"工具 ，在属性栏中选取适当的字体并设置文字大小，填充文字为白色，效果如图 5-119 所示。

图 5-118

图 5-119

（7）选择"文本 > 文本属性"命令，在弹出的"文本属性"泊坞窗中进行设置，如图 5-120 所示；按 Enter 键，效果如图 5-121 所示。

图 5-120

图 5-121

（8）按 Ctrl+Q 组合键，将文本转换为曲线，如图 5-122 所示。选择"形状"工具 ，按住 Shift 键的同时，用圈选的方法将需要的节点同时选取，效果如图 5-123 所示。按 Delete 键，删除选中的节点，如图 5-124 所示。

图 5-122

图 5-123

图 5-124

（9）选择"多边形"工具 ，在属性栏中的设置如图 5-125 所示，在适当的位置绘制一个三角形，如图 5-126 所示。

图 5-125

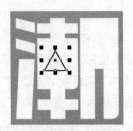
图 5-126

（10）保持图形选取状态。设置图形颜色的 RGB 值为 255、132、0，填充图形，并去除图形的轮廓线，效果如图 5-127 所示。在属性栏中的"旋转角度"框中设置数值为 90；按 Enter 键，效果如图 5-128 所示。

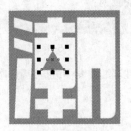
图 5-127

图 5-128

（11）选择"形状"工具 ，选取文字"流"，编辑状态如图 5-129 所示，在不需要的节点上双击鼠标左键，删除节点，效果如图 5-130 所示。用相同的方法分别调整其他文字的节点和控制线，效果如图 5-131 所示。

图 5-129

图 5-130

图 5-131

（12）选择"矩形"工具□，在适当的位置绘制一个矩形，填充图形为黑色，并去除图形的轮廓线，效果如图 5-132 所示。

（13）选择"文本"工具**字**，在适当的位置输入需要的文字，选择"选择"工具↖，在属性栏中选取适当的字体并设置文字大小；在"RGB 调色板"中的"黄"色块上单击鼠标左键，填充文字，效果如图 5-133 所示。

图 5-132

图 5-133

（14）按 Ctrl+I 组合键，弹出"导入"对话框，选择云盘中的"Ch05 > 素材 > 制作女装 Banner 广告 > 03"文件，单击"导入"按钮，在页面中单击导入图形和文字，选择"选择"工具↖，拖曳图形和文字到适当的位置，效果如图 5-134 所示。女装 Banner 广告制作完成，效果如图 5-135 所示。

图 5-134

图 5-135

课堂练习——制作咖啡招贴

【练习知识要点】

使用"导入"命令和"置于图文框内部"命令制作背景效果；使用"矩形"工具和"复制"命令绘制装饰图形；使用"文本"工具和"文本属性"泊坞窗添加宣传文字；效果如图 5-136 所示。

图 5-136

【效果所在位置】

云盘/Ch05/效果/制作咖啡招贴.cdr。

课后习题——制作台历

【习题知识要点】

使用"矩形"工具和"复制"命令制作挂环；使用"文本"工具和"制表位"命令制作台历日期；使用"文本"工具和"对象属性"命令制作月份；使用"2 点线"工具绘制虚线；效果如图 5-137 所示。

【效果所在位置】

云盘/Ch05/效果/制作台历.cdr。

图 5-137

第6章
位图的编辑

位图是设计的重要组成元素。本章主要讲解位图的转换方法和位图特效滤镜的使用技巧。通过对位图效果的设计和制作，既能介绍产品、表达主题，又能丰富和完善设计，起到画龙点睛的效果。

课堂学习目标

✔ 掌握转换为位图的方法和技巧
✔ 运用特效滤镜编辑和处理位图

6.1 转换为位图

CorelDRAW X8 提供了将矢量图转换为位图的功能，下面介绍具体的操作方法。

打开一个矢量图并保持其选中状态，选择"位图 > 转换为位图"命令，弹出"转换为位图"对话框，如图 6-1 所示。

分辨率：用来在弹出的下拉列表中选择转换为位图的分辨率。

颜色模式：用来在弹出的下拉列表中选择要转换的颜色模式。

光滑处理：可以在转换成位图后消除位图的锯齿。

透明背景：可以在转换成位图后保留原对象的通透性。

图 6-1

6.2 位图的特效滤镜

CorelDRAW X8 提供了多种滤镜，可以对位图进行各种效果的处理。使用好位图的滤镜，可以为设计的作品增色不少。下面具体介绍几种常见滤镜的使用方法。

6.2.1　三维效果

选取导入的位图，选择"位图 > 三维效果"子菜单下的命令，如图 6-2 所示，CorelDRAW X8 提供了 7 种不同的三维效果。下面介绍 4 种常用的三维效果。

图 6-2

1.　三维旋转

选择"位图 > 三维效果 > 三维旋转"命令，弹出"三维旋转"对话框，单击对话框中的 ▣ 按钮，显示对照预览窗口，如图 6-3 所示，左窗口显示的是位图的原始效果，右窗口显示的是完成各项设置后的位图效果。

对话框中各选项的含义如下。

🏺：用鼠标拖曳立方体图标，可以设定图像的旋转角度。

垂直：可以设置绕垂直轴旋转的角度。

水平：可以设置绕水平轴旋转的角度。

最适合：用来设置经过三维旋转后的位图尺寸接近原来的位图尺寸。

▭预览▭：预览设置后的三维旋转效果。

▭重置▭：对所有参数重新设置。

2.　柱面

选择"位图 > 三维效果 > 柱面"命令，弹出"柱面"对话框，单击对话框中的 ▣ 按钮，显示对照预览窗口，如图 6-4 所示。

对话框中各选项的含义如下。

柱面模式：可以选择"水平"或"垂直的"模式。

百分比：可以设置水平或垂直的模式的百分比。

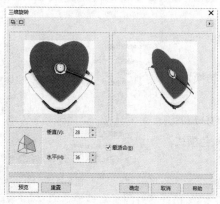

图 6-3

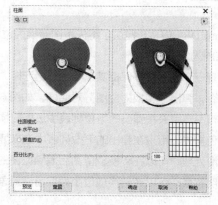

图 6-4

3.　卷页

选择"位图 > 三维效果 > 卷页"命令，弹出"卷页"对话框，单击对话框中的 ▣ 按钮，显示对照预览窗口，如图 6-5 所示。

对话框中各选项的含义如下。

▣▣：4 个卷页类型按钮，可以设置位图卷起页角的位置。

定向：选择"垂直的"或"水平"选项，可以设置卷页效果的卷起边缘。

纸张："不透明"和"透明的"两个单选项可以设置卷页部分是否透明。

卷曲：可以设置卷页的颜色。

背景：可以设置卷页后面的背景颜色。

宽度：可以设置卷页的宽度。

高度：可以设置卷页的高度。

4. 球面

选择"位图 > 三维效果 > 球面"命令，弹出"球面"对话框，单击对话框中的 按钮，显示对照预览窗口，如图 6-6 所示。

对话框中各选项的含义如下。

优化：可以选择"速度"或"质量"选项。

百分比：可以控制位图球面化的程度。

：用来在预览窗口中设定变形的中心点。

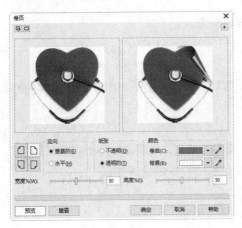

图 6-5

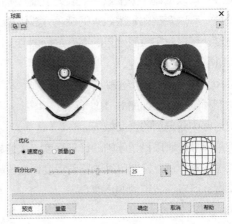

图 6-6

6.2.2 艺术笔触

选取导入的位图，选择"位图 > 艺术笔触"子菜单下的命令，如图 6-7 所示，CorelDRAW X8 提供了 14 种不同的艺术笔触效果。下面介绍 4 种常用的艺术笔触效果。

1. 炭笔画

选择"位图 > 艺术笔触 > 炭笔画"命令，弹出"炭笔画"对话框，单击对话框中的 按钮，显示对照预览窗口，如图 6-8 所示。

对话框中各选项的含义如下。

大小：可以设置位图炭笔画的像素大小。

边缘：可以设置位图炭笔画的黑白度。

2. 印象派

图 6-7

选择"位图 > 艺术笔触 > 印象派"命令，弹出"印象派"对话框，单击对话框中的 按钮，显示对照预览窗口，如图 6-9 所示。

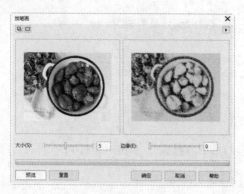
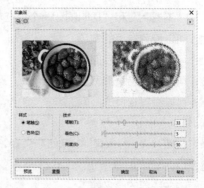

图 6-8 图 6-9

对话框中各选项的含义如下。

样式：可选择"笔触"或"色块"选项，不同的样式会产生不同的印象派位图效果。

笔触：可以设置印象派效果笔触大小及其强度。

着色：可以调整印象派效果的颜色，数值越大，颜色越重。

亮度：可以对印象派效果的亮度进行调节。

3. 调色刀

选择"位图 > 艺术笔触 > 调色刀"命令，弹出"调色刀"对话框，单击对话框中的 按钮，显示对照预览窗口，如图 6-10 所示。

对话框中各选项的含义如下。

刀片尺寸：可以设置笔触的锋利程度，数值越小，笔触越锋利，位图的刻画效果越明显。

柔软边缘：可以设置笔触的坚硬程度，数值越大，位图的刻画效果越平滑。

角度：可以设置笔触的角度。

4. 素描

选择"位图 > 艺术笔触 > 素描"命令，弹出"素描"对话框，单击对话框中的 按钮，显示对照预览窗口，如图 6-11 所示。

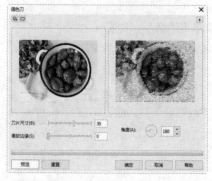
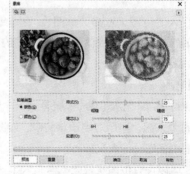

图 6-10 图 6-11

对话框中各选项的含义如下。

铅笔类型：可选择"碳色"或"颜色"类型，不同的类型可以产生不同的位图素描效果。

样式：可以设置石墨或彩色素描效果的平滑度。

笔芯：可以设置素描效果的精细和粗糙程度。

轮廓：可以设置素描效果的轮廓线宽度。

6.2.3 模糊

选取导入的位图，选择"位图 > 模糊"子菜单下的命令，如图 6-12 所示，CorelDRAW X8 提供了 10 种不同的模糊效果。下面介绍其中两种常用的模糊效果。

1. 高斯式模糊

选择"位图 > 模糊 > 高斯式模糊"命令，弹出"高斯式模糊"对话框，单击对话框中的回按钮，显示对照预览窗口，如图 6-13 所示。

对话框中选项的含义如下。

半径：可以设置高斯式模糊的程度。

图 6-12

2. 缩放

选择"位图 > 模糊 > 缩放"命令，弹出"缩放"对话框，单击对话框中的回按钮，显示对照预览窗口，如图 6-14 所示。

对话框中各选项的含义如下。

⊹：在左边的原始图像预览框中单击鼠标左键，可以确定缩放模糊的中心点。

数量：可以设定图像的模糊程度。

图 6-13

图 6-14

6.2.4 轮廓图

选取导入的位图，选择"位图 > 轮廓图"子菜单下的命令，如图 6-15 所示，CorelDRAW X8 提供了 3 种不同的轮廓图效果。下面介绍其中两种常用的轮廓图效果。

1. 边缘检测

选择"位图 > 轮廓图 > 边缘检测"命令，弹出"边缘检测"对话框，单击对话框中的回按钮，显示对照预览窗口，如图 6-16 所示。

对话框中各选项的含义如下。

背景色：用来设定图像的背景颜色为白色、黑色或其他颜色。

图 6-15

![icon]: 可以在位图中吸取背景色。

灵敏度：用来设定探测边缘的灵敏度。

2. 查找边缘

选择"位图 > 轮廓图 > 查找边缘"命令，弹出"查找边缘"对话框，单击对话框中的 ▣ 按钮，显示对照预览窗口，如图 6-17 所示。

对话框中各选项的含义如下。

边缘类型：有"软"和"纯色"两种类型，选择不同的类型，会得到不同的效果。

层次：可以设定效果的纯度。

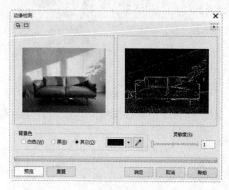

图 6-16

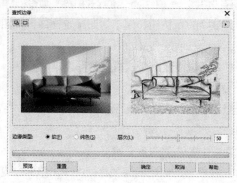

图 6-17

6.2.5 创造性

选取导入的位图，选择"位图 > 创造性"子菜单下的命令，如图 6-18 所示，CorelDRAW X8 提供了 14 种不同的创造性效果。下面介绍 4 种常用的创造性效果。

1. 框架

选择"位图 > 创造性 > 框架"命令，弹出"框架"对话框，单击"修改"选项卡，单击对话框中的 ▣ 按钮，显示对照预览窗口，如图 6-19 所示。

对话框中各选项的含义如下。

"选择"选项卡：用来选择框架，并为选取的列表添加新框架。

"修改"选项卡：用来对框架进行修改，此选项卡中各选项的含义如下。

颜色、不透明：分别用来设定框架的颜色和不透明度。

模糊/羽化：用来设定框架边缘的模糊及羽化程度。

调和：用来选择框架与图像之间的混合方式。

水平、垂直：用来设定框架的大小比例。

旋转：用来设定框架的旋转角度。

翻转：用来将框架垂直或水平翻转。

对齐：用来在图像窗口中设定框架效果的中心点。

回到中心位置：用来在图像窗口中重新设定中心点。

图 6-18

2. 马赛克

选择"位图 > 创造性 > 马赛克"命令，弹出"马赛克"对话框，单击对话框中的⊞按钮，显示对照预览窗口，如图 6-20 所示。

对话框中各选项的含义如下。

大小：设置马赛克显示的大小。

背景色：设置马赛克的背景颜色。

虚光：为马赛克图像添加模糊的羽化框架。

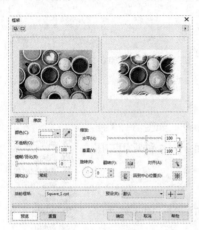

图 6-19

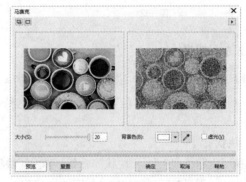

图 6-20

3. 彩色玻璃

选择"位图 > 创造性 > 彩色玻璃"命令，弹出"彩色玻璃"对话框，单击对话框中的⊞按钮，显示对照预览窗口，如图 6-21 所示。

对话框中各选项的含义如下。

大小：设定彩色玻璃块的大小。

光源强度：设定彩色玻璃的光源强度。强度越小，显示越暗；强度越大，显示越亮。

焊接宽度：设定玻璃块焊接处的宽度。

焊接颜色：设定玻璃块焊接处的颜色。

三维照明：显示彩色玻璃图像的三维照明效果。

4. 虚光

选择"位图 > 创造性 > 虚光"命令，弹出"虚光"对话框，单击对话框中的⊞按钮，显示对照预览窗口，如图 6-22 所示。

对话框中各选项的含义如下。

颜色：设定光照的颜色。

形状：设定光照的形状。

偏移：设定框架的大小。

褪色：设定图像与虚光框架的混合程度。

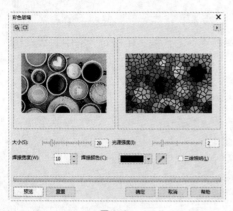

图 6-21

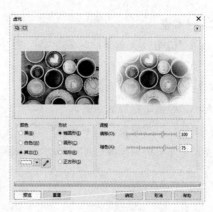

图 6-22

6.2.6 扭曲

选取导入的位图，选择"位图 > 扭曲"子菜单下的命令，如图 6-23 所示，CoreIDRAW X8 提供了 11 种不同的扭曲效果。下面介绍 4 种常用的扭曲效果。

1. 块状

选择"位图 > 扭曲 > 块状"命令，弹出"块状"对话框，单击对话框中的 按钮，显示对照预览窗口，如图 6-24 所示。

对话框中各选项的含义如下。

未定义区域：在其下拉列表中可以设定背景部分的颜色。

块宽度、块高度：设定块状图像的尺寸大小。

最大偏移：设定块状图像的打散程度。

图 6-23

2. 置换

选择"位图 > 扭曲 > 置换"命令，弹出"置换"对话框，单击对话框中的 按钮，显示对照预览窗口，如图 6-25 所示。

对话框中各选项的含义如下。

缩放模式：可以选择"平铺"或"伸展适合"两种模式。

：可以选择置换的图形。

图 6-24

图 6-25

3. 像素

选择"位图 > 扭曲 > 像素"命令，弹出"像素"对话框，单击对话框中的▣按钮，显示对照预览窗口，如图 6-26 所示。

对话框中各选项的含义如下。

像素化模式：当选择"射线"模式时，可以在预览窗口中设定像素化的中心点。

宽度、高度：设定像素色块的大小。

不透明：设定像素色块的不透明度，数值越小，色块就越透明。

4. 龟纹

选择"位图 > 扭曲 > 龟纹"命令，弹出"龟纹"对话框，单击对话框中的▣按钮，显示对照预览窗口，如图 6-27 所示。

对话框中选项的含义如下。

周期、振幅：默认的波纹是与图像的顶端和底端平行的。拖曳滑块，可以设定波纹的周期和振幅，在右边可以看到波纹的形状。

图 6-26

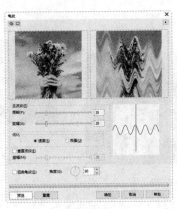

图 6-27

6.2.7 课堂案例——制作课程公众号封面首图

【案例学习目标】

学习使用多种编辑位图命令和"文本"工具制作课程公众号封面首图。

【案例知识要点】

使用"导入"命令、"点彩派"命令和"天气"命令添加和编辑背景图片；使用"亮度/对比度/强度"命令调整图片色调；使用"矩形"工具和"置于图文框内部"命令制作置入图片效果；使用"文本"工具添加宣传文字；课程公众号封面首图效果如图 6-28 所示。

【效果所在位置】

云盘/Ch06/效果/制作课程公众号封面首图.cdr。

（1）按 Ctrl+N 组合键，弹出"创建新文档"对话框，设置文档的宽度为 900 px，高度为 383 px，取向为横向，原色模式为 RGB，渲染分辨率为 72 像素/英寸，单击"确定"按钮，创建一个文档。

图 6-28

（2）按 Ctrl+I 组合键，弹出"导入"对话框，选择云盘中的"Ch06 > 素材 > 制作课程公众号封面首图 > 01"文件，单击"导入"按钮，在页面中单击导入图片，选择"选择"工具 ，拖曳图片到适当的位置，效果如图 6-29 所示。

（3）选择"位图 > 艺术笔触 > 点彩派"命令，在弹出的对话框中进行设置，如图 6-30 所示；单击"确定"按钮，效果如图 6-31 所示。

图 6-29　　　　　　　　　　　图 6-30　　　　　　　　　　　图 6-31

（4）选择"位图 > 创造性 > 天气"命令，在弹出的对话框中进行设置，如图 6-32 所示；单击"确定"按钮，效果如图 6-33 所示。

图 6-32　　　　　　　　　　　　　　　　　图 6-33

（5）选择"效果 > 调整 > 亮度/对比度/强度"命令，在弹出的对话框中进行设置，如图 6-34 所示；单击"确定"按钮，效果如图 6-35 所示。

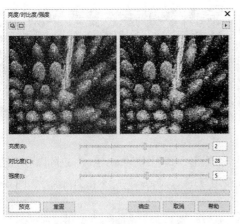

图 6-34

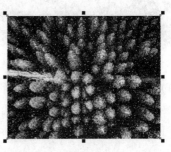

图 6-35

（6）双击"矩形"工具，绘制一个与页面大小相等的矩形，如图 6-36 所示。按 Shift+PageUp 组合键，将矩形移至图层前面，效果如图 6-37 所示（为了方便读者观看，这里以白色显示）。

图 6-36

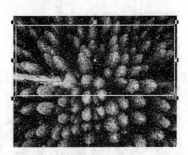

图 6-37

（7）选择"选择"工具▶，选取下方的风景图片，选择"对象 > PowerClip > 置于图文框内部"命令，鼠标的光标变为黑色箭头形状，在矩形框上单击鼠标左键，如图 6-38 所示。将风景图片置入矩形框中，并去除图形的轮廓线，效果如图 6-39 所示。

图 6-38

图 6-39

（8）选择"文本"工具字，在页面中分别输入需要的文字，选择"选择"工具▶，在属性栏中分别选取适当的字体并设置文字大小，填充文字为白色，效果如图 6-40 所示。选择"文本"工具字，选取英文"PS"，在属性栏中选取适当的字体，效果如图 6-41 所示。

图 6-40

图 6-41

（9）选择"矩形"工具▢，在适当的位置绘制一个矩形，填充图形为白色，并去除图形的轮廓线，如图 6-42 所示。在属性栏中将"转角半径"选项设为 20 px、0 px、0 px 和 20 px，如图 6-43 所示；按 Enter 键，效果如图 6-44 所示。

图 6-42

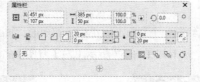

图 6-43

图 6-44

（10）选择"文本"工具字，在适当的位置输入需要的文字，选择"选择"工具▶，在属性栏中选取适当的字体并设置文字大小，效果如图 6-45 所示。设置文字颜色的 RGB 值为 0、51、51，填充文字，效果如图 6-46 所示。

图 6-45

图 6-46

（11）选择"文本 > 文本属性"命令，在弹出的"文本属性"泊坞窗中进行设置，如图 6-47 所示；按 Enter 键，效果如图 6-48 所示。课程公众号封面首图制作完成，效果如图 6-49 所示。

图 6-47

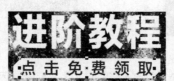

图 6-48

图 6-49

课堂练习——制作商场广告

【练习知识要点】

使用"导入"命令、"旋涡"命令、"天气"命令和"高斯式模糊"命令添加和编辑背景图片；使用"矩形"工具和"置于图文框内部"命令制作背景效果；使用"文本"工具和"文本属性"泊坞窗制作宣传文字；效果如图 6-50 所示。

【效果所在位置】

云盘/Ch06/效果/制作商场广告.cdr。

图 6-50

课后习题——制作南瓜派对门票

【习题知识要点】

使用"亮度/对比度/强度"命令、"色度/饱和度/亮度"命令调整素材图片的颜色；使用"文本"工具添加宣传语；效果如图 6-51 所示。

【效果所在位置】

云盘/Ch06/效果/制作南瓜派对门票.cdr。

图 6-51

第 7 章
图形的特殊效果

在 CorelDRAW X8 中提供了强大的图形特殊效果编辑功能。本章主要讲解多种图形特殊效果的编辑方法和制作技巧，充分利用好图形的特殊效果，可以使设计效果更加独特、新颖，使设计主题更加明确、突出。

课堂学习目标

- ✔ 掌握透明效果的应用
- ✔ 掌握阴影效果的应用
- ✔ 掌握轮廓图效果的应用
- ✔ 掌握调和效果的应用
- ✔ 掌握变形效果的应用
- ✔ 掌握封套效果的应用
- ✔ 掌握立体效果的应用
- ✔ 掌握透视效果的应用
- ✔ 掌握 PowerClip 效果的应用

7.1　透明效果

使用"透明度"工具 ▨，可以制作出均匀、渐变的图案和底纹等许多漂亮的透明效果。

7.1.1　制作透明效果

绘制并填充两个图形，选择"选择"工具 ▶，选择上方的图形，如图 7-1 所示。选择"透明度"工具 ▨，在属性栏中可以选择一种透明类型，这里单击"均匀透明度"按钮 ▨，选项的设置如图 7-2 所示，图形的透明效果如图 7-3 所示。

图 7-1　　　　　　　　　　　图 7-2　　　　　　　　　　　图 7-3

"透明"工具属性栏中各选项的含义如下。

、常规　：选择透明类型和透明样式。

"透明度"　50　　：拖曳滑块或直接输入数值，可以改变对象的透明度。

"透明度目标"选项　：设置应用透明度到"填充""轮廓"或"全部"效果。

"冻结透明度"按钮　：冻结当前视图的透明度。

"编辑透明度"　：打开"渐变透明度"对话框，可以对渐变透明度进行具体的设置。

"复制透明度"　：可以复制对象的透明效果。

"无透明度"　：可以清除对象中的透明效果。

7.1.2　课堂案例——绘制日历小图标

【案例学习目标】

学习使用多种图形绘制工具、"透明度"工具绘制日历小图标。

【案例知识要点】

使用"矩形"工具、"椭圆形"工具、"转角半径"选项和"透明度"工具绘制日历小图标，效果如图 7-4 所示。

【效果所在位置】

云盘/Ch07/效果/绘制日历小图标.cdr。

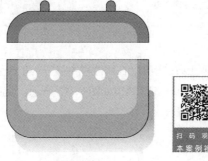

图 7-4

（1）按 Ctrl+N 组合键，弹出"创建新文档"对话框，设置文档的宽度为 1024 px、高度为 1024 px，取向为横向，原色模式为 RGB，渲染分辨率为 72 像素/英寸，单击"确定"按钮，创建一个文档。

（2）选择"矩形"工具　，在适当的位置绘制一个矩形，并在属性栏中的"轮廓宽度"　1 px　框中设置数值为 4 px；按 Enter 键，效果如图 7-5 所示。

（3）按数字键盘上的+键，复制矩形。选择"选择"工具 ![[k]]，按住 Shift 键的同时，垂直向下拖曳复制的矩形到适当的位置，效果如图7-6所示。

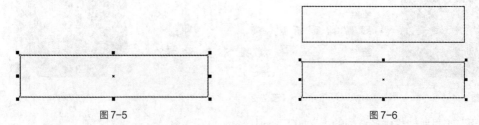

图7-5   图7-6

（4）选择"选择"工具 ![[k]]，向下拖曳复制的矩形下边中间的控制手柄到适当的位置，调整其大小，如图7-7所示。设置图形颜色的 RGB 值为 255、166、33，填充图形，效果如图7-8所示。

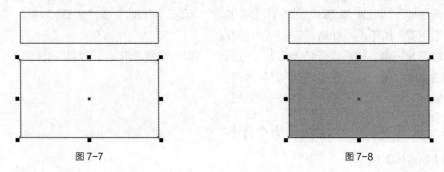

图7-7   图7-8

（5）在属性栏中将"转角半径"选项设为 0 px、0 px、172 px 和 172 px，如图7-9所示；按 Enter 键，效果如图7-10所示。

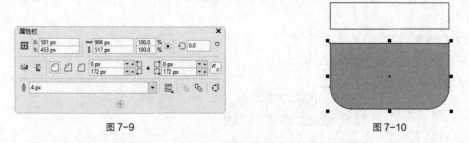

图7-9   图7-10

（6）选择"选择"工具 ![[k]]，选取上方的矩形，在属性栏中将"转角半径"选项设为 172 px、172 px、0 px 和 0 px，如图7-11所示；按 Enter 键，效果如图7-12所示。设置图形颜色的 RGB 值为 255、93、41，填充图形，效果如图7-13所示。

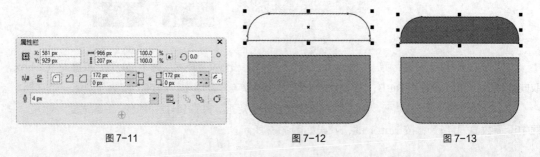

图7-11   图7-12   图7-13

（7）选择"矩形"工具▢，在适当的位置绘制一个矩形，如图 7-14 所示。选择"属性滴管"工具🖊，将光标放置在下方圆角矩形上，光标变为🖊图标，如图 7-15 所示。在圆角矩形上单击鼠标左键吸取属性，光标变为◇图标，在需要的图形上单击鼠标左键，填充图形，效果如图 7-16 所示。

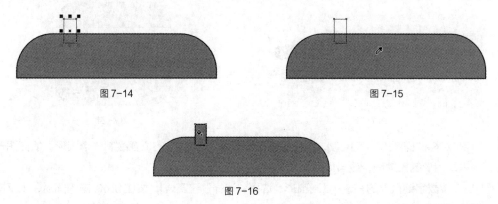

图 7-14   图 7-15

图 7-16

（8）在属性栏中将"转角半径"选项设为 34 px、34 px、0 px 和 0 px，如图 7-17 所示；按 Enter 键，效果如图 7-18 所示。

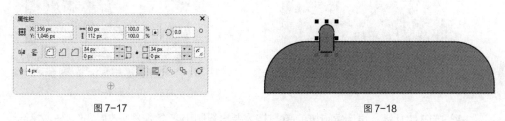

图 7-17   图 7-18

（9）按 Shift+PageDown 组合键，将圆角矩形移至图层后面，效果如图 7-19 所示。按数字键盘上的+键，复制圆角矩形。选择"选择"工具▶，按住 Shift 键的同时，水平向右拖曳复制的圆角矩形到适当的位置，效果如图 7-20 所示。

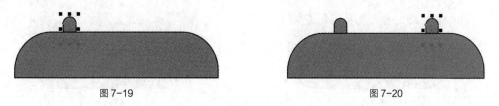

图 7-19   图 7-20

（10）选择"矩形"工具▢，在适当的位置绘制一个矩形，填充图形为白色，并去除图形的轮廓线，效果如图 7-21 所示。在属性栏中将"转角半径"选项均设为 104 px；按 Enter 键，效果如图 7-22 所示。

图 7-21   图 7-22

（11）选择"透明度"工具，在属性栏中单击"均匀透明度"按钮，其他选项的设置如图 7-23 所示，按 Enter 键，透明效果如图 7-24 所示。

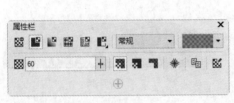

图 7-23

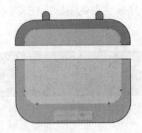

图 7-24

（12）选择"椭圆形"工具，按住 Ctrl 键的同时，在适当的位置绘制一个圆形，填充图形为白色，并去除图形的轮廓线，效果如图 7-25 所示。

（13）按数字键盘上的+键，复制圆形。选择"选择"工具，按住 Shift 键的同时，水平向右拖曳复制的圆形到适当的位置，效果如图 7-26 所示。

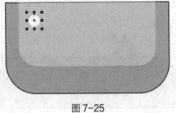

图 7-25

图 7-26

（14）按住 Ctrl 键，再连续点按 D 键，按需要再复制出多个圆形，效果如图 7-27 所示。用圈选的方法将前 3 个白色圆形同时选取，按数字键盘上的+键，复制选中的圆形。按住 Shift 键的同时，垂直向下拖曳复制的圆形到适当的位置，效果如图 7-28 所示。

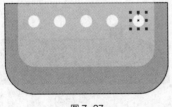

图 7-27

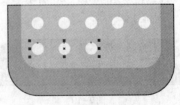

图 7-28

（15）选择"矩形"工具，在适当的位置绘制一个矩形，如图 7-29 所示。在"RGB 调色板"中的"30%黑"色块上单击鼠标左键，填充图形，并去除图形的轮廓线，效果如图 7-30 所示。

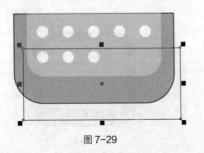

图 7-29

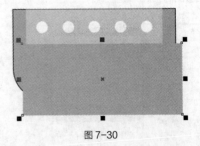

图 7-30

（16）在属性栏中将"转角半径"选项设为 0 px、32 px、128 px 和 128 px，如图 7-31 所示；按 Enter 键，效果如图 7-32 所示。

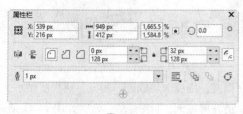

图 7-31

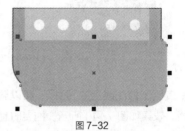

图 7-32

（17）选择"透明度"工具 ，在属性栏中单击"渐变透明度"按钮 ，其他选项的设置如图 7-33 所示，按 Enter 键，透明效果如图 7-34 所示。

图 7-33

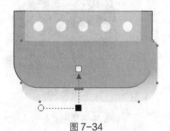

图 7-34

（18）选择"选择"工具 ，按 Shift+PageDown 组合键，将圆角矩形移至图层后面，效果如图 7-35 所示。日历小图标绘制完成，效果如图 7-36 所示。

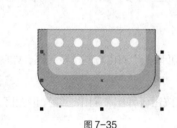

图 7-35

图 7-36

7.2 阴影效果

阴影效果是经常使用的一种特效。使用"阴影"工具 可以快速给图形制作阴影效果，还可以设置阴影的透明度、角度、位置、颜色和羽化程度。下面介绍如何制作阴影效果。

7.2.1 制作阴影效果

打开一个图形，使用"选择"工具 选取要制作阴影效果的图形，如图 7-37 所示。再选择"阴影"工具 ，将鼠标光标放在图形上，按住鼠标左键并向阴影投射的方向拖曳鼠标，如图 7-38 所示。到需要的位置后松开鼠标左键，阴影效果如图 7-39 所示。

图 7-37   图 7-38   图 7-39

拖曳阴影控制线上的▍图标，可以调节阴影的透光程度。拖曳时越靠近□图标，透光度越小，阴影越淡，效果如图 7-40 所示。拖曳时越靠近■图标，透光度越大，阴影越浓，效果如图 7-41 所示。

图 7-40   图 7-41

"阴影"工具属性栏如图 7-42 所示，各选项的含义如下。

"预设列表" 预设... ▼：选择需要的预设阴影效果。单击预设框后面的 ＋ 或 ─ 按钮，可以添加或删除预设框中的阴影效果。

"阴影偏移" 7.0 mm / -5.0 mm 、"阴影角度" 270 ＋：分别可以设置阴影的偏移位置和角度。

"阴影延展" 50 ＋、"阴影淡出" 0 ＋：分别可以调整阴影的长度和边缘的淡化程度。

"阴影的不透明" 50 ＋：可以设置阴影的不透明度。

"阴影羽化" 15 ＋：可以设置阴影的羽化程度。

"羽化方向"：可以设置阴影的羽化方向。单击此按钮可弹出"羽化方向"设置区，如图 7-43 所示。

"羽化边缘"：可以设置阴影的羽化边缘模式。单击此按钮可弹出"羽化边缘"设置区，如图 7-44 所示。

"阴影颜色" ■ ▼：可以改变阴影的颜色。

图 7-42   图 7-43   图 7-44

7.2.2　课堂案例——制作旅游公众号封面首图

【案例学习目标】

学习使用"透明度"工具、"封套"工具和"轮廓图"工具制作旅游公众号封面首图。

【案例知识要点】

使用"导入"命令、"矩形"工具和"透明度"工具制作底图；使用"文本"工具、"封套"工具制作文字变形效果；使用"阴影"工具为文字添加阴影效果；使用"矩形"工具和"轮廓图"工具制作轮廓化效果；旅游公众号封面首图如图 7-45 所示。

【效果所在位置】

云盘/Ch07/效果/制作旅游公众号封面首图.cdr。

图 7-45

（1）按 Ctrl+N 组合键，弹出"创建新文档"对话框，设置文档的宽度为 900 px，高度为 383 px，取向为横向，原色模式为 RGB，渲染分辨率为 72 像素/英寸，单击"确定"按钮，创建一个文档。

（2）按 Ctrl+I 组合键，弹出"导入"对话框，选择云盘中的"Ch07 > 素材 > 制作旅游公众号封面首图 > 01"文件，单击"导入"按钮，在页面中单击导入图片，如图 7-46 所示。按 P 键，图片在页面中居中对齐，效果如图 7-47 所示。

图 7-46　　　　　　　　　　　图 7-47

（3）双击"矩形"工具□，绘制一个与页面大小相等的矩形，按 Shift+PageUp 组合键，将矩形移至图层前面，如图 7-48 所示。设置图形颜色的 RGB 值为 102、153、255，填充图形，并去除图形的轮廓线，效果如图 7-49 所示。

图 7-48　　　　　　　　　　　图 7-49

（4）选择"透明度"工具▨，在属性栏中单击"均匀透明度"按钮▨，其他选项的设置如图 7-50 所示，按 Enter 键，透明效果如图 7-51 所示。

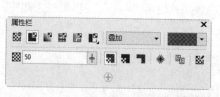

图 7-50

图 7-51

（5）选择"文本"工具字，在页面中输入需要的文字，选择"选择"工具，在属性栏中选取适当的字体并设置文字大小，填充文字为白色，效果如图 7-52 所示。

（6）选择"封套"工具，文字外围出现封套的控制点和控制线，如图 7-53 所示，在属性栏中单击"直线模式"按钮，其他选项的设置如图 7-54 所示。向下拖曳文字"世"下方的控制点到适当的位置，变形效果如图 7-55 所示。

图 7-52

图 7-53

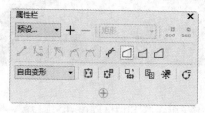

图 7-54

图 7-55

（7）选择"阴影"工具，在文字对象中从上向下拖曳光标，为文字添加阴影效果，在属性栏中的设置如图 7-56 所示；按 Enter 键，效果如图 7-57 所示。

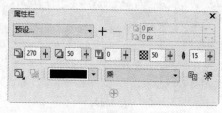

图 7-56

图 7-57

（8）用相同的方法输入其他文字，并添加封套和阴影效果，如图 7-58 所示。选择"矩形"工具，在适当的位置绘制一个矩形，在"RGB 调色板"中的"40%黑"色块上单击鼠标右键，填充图形轮廓线，效果如图 7-59 所示。

图 7-58

图 7-59

（9）选择"轮廓图"工具 ⬜，在属性栏中单击"外部轮廓"按钮 ⬜，在"轮廓色"选项中设置轮廓线颜色为"黑色"，其他选项的设置如图 7-60 所示；按 Enter 键，效果如图 7-61 所示。

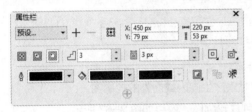

图 7-60

图 7-61

（10）选择"文本"工具 字，在适当的位置输入需要的文字，选择"选择"工具 ▶，在属性栏中选取适当的字体并设置文字大小。在"RGB 调色板"中的"黄"色块上单击鼠标左键，填充文字，效果如图 7-62 所示。旅游公众号封面首图制作完成，效果如图 7-63 所示。

图 7-62

图 7-63

7.3 轮廓图效果

轮廓图效果是由图形中间向内部或者外部放射的层次效果，它由多个同心线圈组成。下面介绍如何制作轮廓图效果。

7.3.1 制作轮廓图效果

绘制一个图形，如图 7-64 所示。选择"轮廓图"工具 ⬜，在图形轮廓上方的节点上单击鼠标左键，并向内拖曳指针至需要的位置，松开鼠标左键，效果如图 7-65 所示。

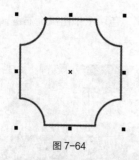

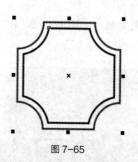

图 7-64   图 7-65

"轮廓图"工具属性栏如图 7-66 所示。各选项的含义如下。

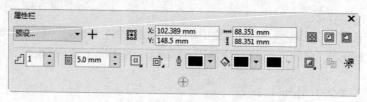

图 7-66

"预设列表"选项 预设... ▼ ：选择系统预设的样式。

"内部轮廓"按钮 回 、"外部轮廓"按钮 回 ：使对象产生向内或向外的轮廓图。

"到中心"按钮 回 ：根据设置的偏移值一直向内创建轮廓图，效果如图 7-67 所示。

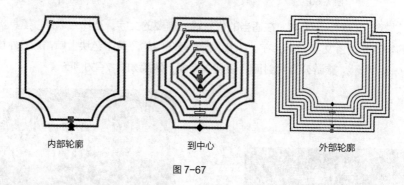

内部轮廓   到中心   外部轮廓

图 7-67

"轮廓图步长"选项 ⤴1 ▲ 和"轮廓图偏移"选项 回 5.0 mm ▲ ：设置轮廓图的步数和偏移值，如图 7-68 和图 7-69 所示。

"轮廓色"选项 ✐ ■ ▼ ：设定最内一圈轮廓线的颜色。

"填充色"选项 ◈ ■ ▼ ：设定轮廓图的颜色。

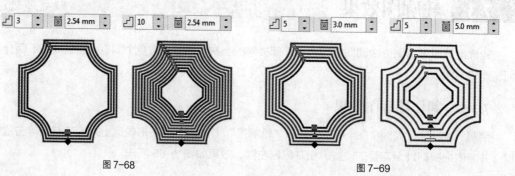

图 7-68   图 7-69

7.3.2　课堂案例——绘制教育插画

【案例学习目标】

学习使用多种图形绘制工具、"轮廓图"工具绘制教育插画。

【案例知识要点】

使用"椭圆形"工具、"轮廓图"工具绘制钟表盘；使用"折线"工具、"轮廓笔"工具绘制指针；使用"3 点椭圆形"工具、"2 点线"工具绘制耳朵和腿；教育插画效果如图 7-70 所示。

【效果所在位置】

云盘/Ch07/效果/绘制教育插画.cdr。

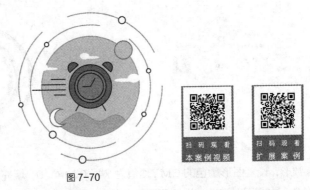

图 7-70

（1）按 Ctrl+N 组合键，弹出"创建新文档"对话框，设置文档的宽度为 100 mm，高度为 100 mm，取向为纵向，原色模式为 CMYK，渲染分辨率为 300 像素/英寸，单击"确定"按钮，创建一个文档。

（2）选择"椭圆形"工具◯，按住 Ctrl 键的同时，在页面中绘制一个圆形，如图 7-71 所示。选择"轮廓图"工具◙，在属性栏中单击"外部轮廓"按钮回，在"轮廓色"选项中设置轮廓线颜色为"黑色"，其他选项的设置如图 7-72 所示；按 Enter 键，效果如图 7-73 所示。

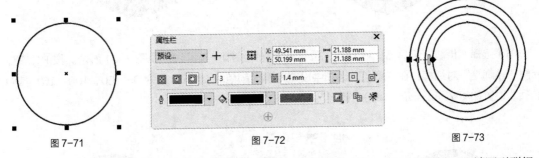

图 7-71　　　　　　　　　　图 7-72　　　　　　　　　　图 7-73

（3）按 Ctrl+K 组合键，拆分轮廓图群组，如图 7-74 所示。按 Ctrl+U 组合键，取消图形群组。选择"选择"工具▸，选中第二个圆形，如图 7-75 所示；按 Delete 键，将其删除，效果如图 7-76 所示。

（4）用框选的方法将余下的圆形同时选取，按 F12 键，弹出"轮廓笔"对话框，在"颜色"选项中设置轮廓线颜色的 CMYK 值为 95、50、100、16，其他选项的设置如图 7-77 所示；单击"确定"按钮，效果如图 7-78 所示。

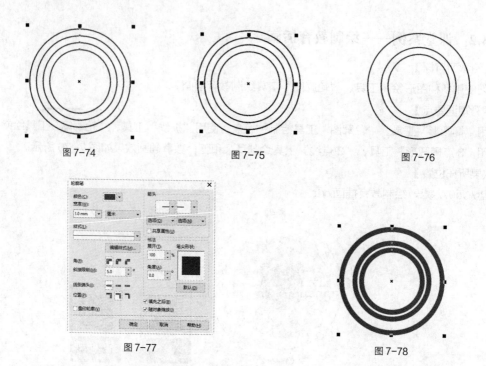

图 7-74 图 7-75 图 7-76

图 7-77 图 7-78

（5）选中大圆形，设置图形颜色的 CMYK 值为 74、0、64、0，填充图形，效果如图 7-79 所示。用圈选的方法将两个内圆同时选取，设置图形颜色的 CMYK 值为 64、0、57、0，填充图形，效果如图 7-80 所示。

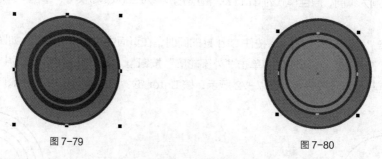

图 7-79 图 7-80

（6）选择"折线"工具 ，在适当的位置拖曳光标绘制一条折线，如图 7-81 所示。按 F12 键，弹出"轮廓笔"对话框，在"颜色"选项中设置轮廓线颜色的 CMYK 值为 95、50、100、16，其他选项的设置如图 7-82 所示；单击"确定"按钮，效果如图 7-83 所示。

图 7-81 图 7-82 图 7-83

（7）选择"3 点椭圆形"工具，在适当的位置拖曳光标绘制一个倾斜椭圆形，如图 7-84 所示。在属性栏中单击"饼图"按钮，其他选项的设置如图 7-85 所示；按 Enter 键，半圆效果如图 7-86 所示。

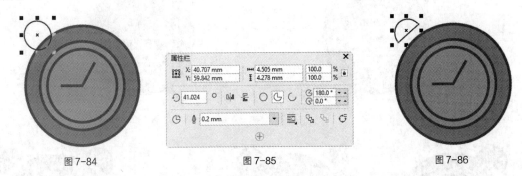

图 7-84   图 7-85   图 7-86

（8）选择"属性滴管"工具，将光标放置在下方大圆形上，光标变为图标，如图 7-87 所示。在大圆形上单击鼠标左键吸取属性，光标变为图标，在需要的图形上单击鼠标左键，填充图形，效果如图 7-88 所示。

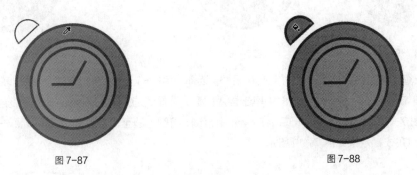

图 7-87   图 7-88

（9）选择"2 点线"工具，在适当的位置绘制一条斜线，如图 7-89 所示。选择"属性滴管"工具，将光标放置在中间折线上，光标变为图标，如图 7-90 所示。在折线上单击鼠标左键吸取属性，光标变为图标，在需要的斜线上单击鼠标左键，填充图形，效果如图 7-91 所示。

图 7-89   图 7-90   图 7-91

（10）选择"选择"工具，按 Shift+PageDown 组合键，将斜线移至图层后面，效果如图 7-92 所示。按住 Shift 键的同时，单击左上角半圆形将其同时选取，如图 7-93 所示。

（11）按数字键盘上的+键，复制图形。单击属性栏中的"水平镜像"按钮，水平翻转图形，效果如图 7-94 所示。按住 Shift 键的同时，水平向右拖曳复制的图形到适当的位置，效果如图 7-95

所示。用相同的方法绘制其他线段，效果如图 7-96 所示。

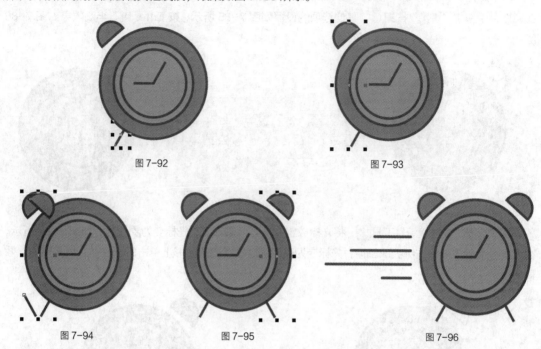

图 7-92   图 7-93

图 7-94   图 7-95   图 7-96

（12）按 Ctrl+I 组合键，弹出"导入"对话框，选择云盘中的"Ch07 > 素材 > 绘制教育插画 > 01"文件，单击"导入"按钮，在页面中单击导入图形，选择"选择"工具 ▶，拖曳图形到适当的位置，效果如图 7-97 所示。按 Shift+PageDown 组合键，将图形移至图层后面，效果如图 7-98 所示。教育插画绘制完成，效果如图 7-99 所示。

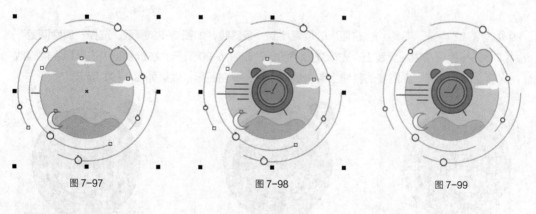

图 7-97   图 7-98   图 7-99

7.4 调和效果

"调和"工具是 CorelDRAW X8 中应用最广泛的工具之一。制作出的调和效果可以在绘图对象间产生形状、颜色的平滑变化。下面具体讲解调和效果的制作方法。

打开两个要制作调和效果的图形，如图 7-100 所示。选择"调和"工具 ◌，将鼠标的指针放在左边的图形上，鼠标的指针变为 ![指针]，按住鼠标左键并拖曳鼠标到右边的图形上，如图 7-101 所示。松开鼠标，两个图形的调和效果如图 7-102 所示。

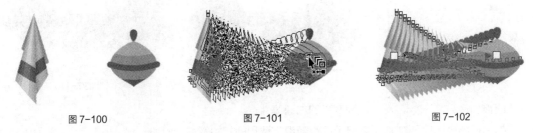

图 7-100   图 7-101   图 7-102

"调和"工具属性栏如图 7-103 所示。各选项的含义如下。

图 7-103

"调和步长" ![图标] 20 ：可以设置调和的步数，效果如图 7-104 所示。

"调和方向" ![图标] 0 ：可以设置调和的旋转角度，效果如图 7-105 所示。

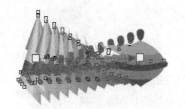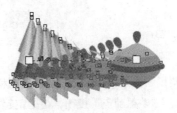

图 7-104   图 7-105

"环绕调和" ![图标]：调和的图形除了自身旋转外，同时将以起点图形和终点图形的中间位置为旋转中心做旋转分布，如图 7-106 所示。

"直接调和" ![图标]、"顺时针调和" ![图标]、"逆时针调和" ![图标]：设定调和对象之间颜色过渡的方向，效果如图 7-107 所示。

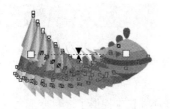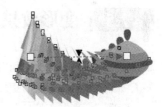

                                （a）顺时针调和   （b）逆时针调和

图 7-106   图 7-107

"对象和颜色加速" ![图标]：调整对象和颜色的加速属性。单击此按钮，弹出如图 7-108 所示的对话框，拖曳滑块到需要的位置；对象加速调和效果如图 7-109 所示；颜色加速调和效果如图 7-110 所示。

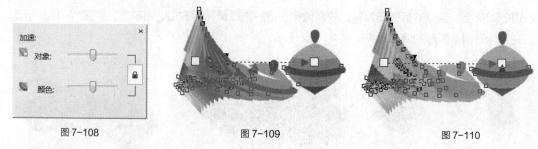

图 7-108　　　　　　　图 7-109　　　　　　　图 7-110

"调整加速大小" 🗇：可以控制调和的加速属性。

"起始和结束属性" 🗇：可以显示或重新设定调和的起始及终止对象。

"路径属性" 🗇：使调和对象沿绘制好的路径分布。单击此按钮弹出如图 7-111 所示的菜单；选择"新路径"选项，鼠标的指针变为 ✔，在新绘制的路径上单击，如图 7-112 所示。沿路径进行调和的效果如图 7-113 所示。

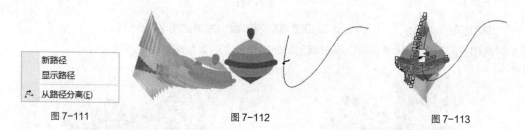

图 7-111　　　　　　　图 7-112　　　　　　　图 7-113

"更多调和选项" 🗇：可以进行更多的调和设置。单击此按钮弹出如图 7-114 所示的菜单。"映射节点"按钮，可指定起始对象的某一节点与终止对象的某一节点对应，以产生特殊的调和效果。"拆分"按钮，可将过渡对象分割成独立的对象，并可与其他对象进行再次调和。勾选"沿全路径调和"复选项，可以使调和对象自动充满整个路径。勾选"旋转全部对象"复选项，可以使调和对象的方向与路径一致。

图 7-114

7.5 变形效果

使用"变形"工具 🖾 可以使图形的变形操作更加方便。变形后可以产生不规则的图形外观，变形后的图形效果更具弹性、更加奇特。

选择"变形"工具 🖾，弹出图 7-115 所示的属性栏，在属性栏中提供了 3 种变形方式："推拉变形" 🗇、"拉链变形" 🗇 和"扭曲变形" 🖾。

图 7-115

7.5.1 制作变形效果

1. 推拉变形

绘制一个图形，如图 7-116 所示。单击属性栏中的"推拉变形"按钮⊕，在图形上按住鼠标左键并向左拖曳鼠标，如图 7-117 所示。变形后的效果如图 7-118 所示。

图 7-116

图 7-117

图 7-118

在属性栏的"推拉振幅" ⋏131⊹框中，可以输入数值来控制推拉变形的幅度。推拉变形的设置范围是-200~200。单击"居中变形"按钮⊕，可以将变形的中心移至图形的中心。单击"转换为曲线"按钮↻，可以将图形转换为曲线。

2. 拉链变形

绘制一个图形，如图 7-119 所示。单击属性栏中的"拉链变形"按钮✿，在图形上按住鼠标左键并向左下方拖曳鼠标，如图 7-120 所示；变形后的效果如图 7-121 所示。

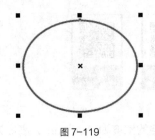
图 7-119

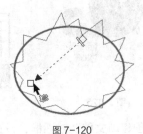
图 7-120

图 7-121

在属性栏的"拉链失真振幅" ⌇0⊹中，可以输入数值调整变化图形时锯齿的深度。单击"随机变形"按钮▨，可以随机地变化图形锯齿的深度。单击"平滑变形"按钮▨，可以将图形锯齿的尖角变成圆弧。单击"局限变形"按钮▨，在图形中拖曳鼠标，可以将图形锯齿的局部进行变形。

3. 扭曲变形

绘制一个图形，效果如图 7-122 所示。选择"变形"工具▨，单击属性栏中的"扭曲变形"按钮▨，在图形中按住鼠标左键并转动鼠标，如图 7-123 所示；变形后的效果如图 7-124 所示。

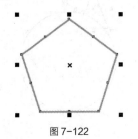
图 7-122

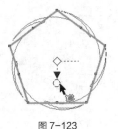
图 7-123

图 7-124

单击属性栏中的"添加新的变形"按钮，可以继续在图形中按住鼠标左键并移动鼠标光标，制作新的变形效果。单击"顺时针旋转"按钮和"逆时针旋转"按钮，可以设置旋转的方向。在"完全旋转" 文本框中可以设置完全旋转的圈数。在"附加度数" 文本框中可以设置旋转的角度。

7.5.2 课堂案例——绘制咖啡标志

【案例学习目标】

学习使用多种图形绘制工具、"变形"工具绘制咖啡标志。

【案例知识要点】

使用"椭圆形"工具、"星形"工具、"合并"按钮绘制头部和耳朵；使用"矩形"工具、"转角半径"选项、"移除前面对象"按钮绘制尾巴；使用"椭圆形"工具、"星形"工具、"变形"工具绘制眼睛和嘴巴；咖啡标志效果如图 7-125 所示。

【效果所在位置】

云盘/Ch07/效果/绘制咖啡标志.cdr。

图 7-125

（1）按 Ctrl+N 组合键，弹出"创建新文档"对话框，设置文档的宽度为 100 mm，高度为 100 mm，取向为纵向，原色模式为 CMYK，渲染分辨率为 300 像素/英寸，单击"确定"按钮，创建一个文档。

（2）选择"椭圆形"工具，按住 Ctrl 键的同时，在页面中绘制一个圆形，如图 7-126 所示。选择"星形"工具，在属性栏中的设置如图 7-127 所示；在适当的位置绘制一个三角形，如图 7-128 所示。

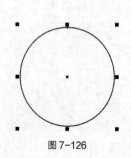

图 7-126

图 7-127

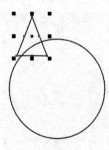

图 7-128

（3）在属性栏中的"旋转角度" ⟲ 框中设置数值为 8；按 Enter 键，效果如图 7-129 所示。按数字键盘上的+键，复制三角形。单击属性栏中的"水平镜像"按钮，水平翻转图形，效果如图 7-130 所示。选择"选择"工具 ，按住 Shift 键的同时，水平向右拖曳翻转的图形到适当的位置，效果如图 7-131 所示。

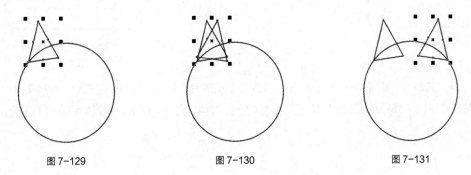

图 7-129   图 7-130   图 7-131

（4）选择"选择"工具 ，用圈选的方法将所绘制的图形同时选取，如图 7-132 所示。单击属性栏中的"合并"按钮 ，合并图形，效果如图 7-133 所示。

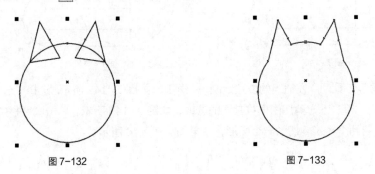

图 7-132   图 7-133

（5）选择"矩形"工具 ，在适当的位置绘制一个矩形，如图 7-134 所示。在属性栏中将"转角半径"选项设为 0 mm、10 mm、0 mm、10 mm，如图 7-135 所示；按 Enter 键，效果如图 7-136 所示。

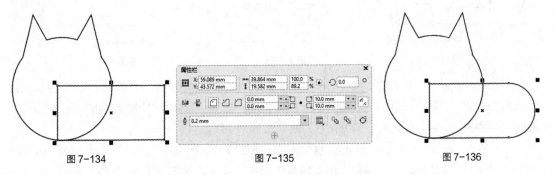

图 7-134   图 7-135   图 7-136

（6）使用"矩形"工具 ，再绘制一个矩形，如图 7-137 所示。在属性栏中将"转角半径"选项设为 0 mm、10 mm、0 mm、10 mm，如图 7-138 所示；按 Enter 键，效果如图 7-139 所示。

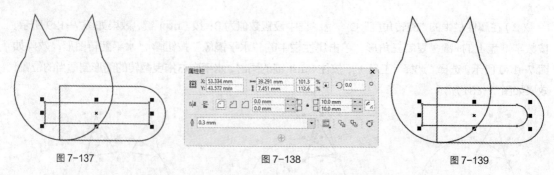

图 7-137　　　　　　　　　图 7-138　　　　　　　　　图 7-139

（7）选择"选择"工具 ，按住 Shift 键的同时，单击下方圆角矩形将其同时选取，如图 7-140 所示。单击属性栏中的"移除前面对象"按钮 ，将两个图形剪切为一个图形，效果如图 7-141 所示。

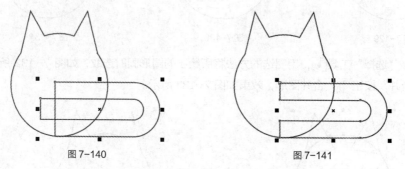

图 7-140　　　　　　　　　　　　　　　图 7-141

（8）选择"矩形"工具 ，在适当的位置绘制一个矩形，如图 7-142 所示。选择"选择"工具 ，按住 Shift 键的同时，单击下方剪切图形将其同时选取，如图 7-143 所示。单击属性栏中的"移除前面对象"按钮 ，将两个图形剪切为一个图形，效果如图 7-144 所示。

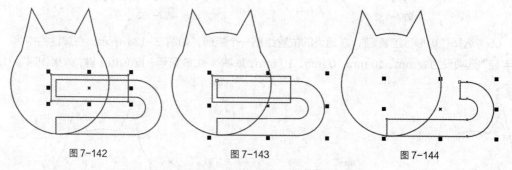

图 7-142　　　　　　　　　图 7-143　　　　　　　　　图 7-144

（9）选择"椭圆形"工具 ，按住 Ctrl 键的同时，在适当的位置绘制一个圆形，如图 7-145 所示。选择"选择"工具 ，按住 Shift 键的同时，单击下方剪切图形将其同时选取，如图 7-146 所示。单击属性栏中的"合并"按钮 ，合并图形，效果如图 7-147 所示。

（10）选择"选择"工具 ，用圈选的方法将所绘制的图形同时选取，如图 7-148 所示。单击属性栏中的"合并"按钮 ，合并图形，效果如图 7-149 所示。设置图形颜色的 CMYK 值为 91、73、0、0，填充图形，并去除图形的轮廓线，效果如图 7-150 所示。

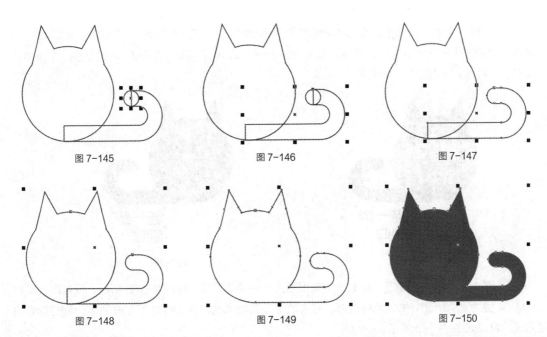

图 7-145 　　　　　　　　　 图 7-146 　　　　　　　　　 图 7-147

图 7-148 　　　　　　　　　 图 7-149 　　　　　　　　　 图 7-150

（11）选择"椭圆形"工具 ○，按住 Ctrl 键的同时，在适当的位置绘制一个圆形，填充图形为白色，并去除图形的轮廓线，效果如图 7-151 所示。

（12）选择"变形"工具 ▢，单击属性栏中"推拉变形"按钮 ⊕，在圆形中心单击鼠标左键并按住不放，向右侧拖曳鼠标左键，将图形变形，效果如图 7-152 所示。

图 7-151 　　　　　　　　　　　　　　 图 7-152

（13）选择"选择"工具 ▸，按数字键盘上的+键，复制图形。按住 Shift 键的同时，水平向右拖曳复制的图形到适当的位置，效果如图 7-153 所示。

（14）选择"星形"工具 ☆，在适当的位置绘制一个三角形，填充图形为白色，并去除图形的轮廓线，效果如图 7-154 所示。单击属性栏中的"垂直镜像"按钮 ▤，垂直翻转图形，效果如图 7-155 所示。

图 7-153 　　　　　　　　　 图 7-154 　　　　　　　　　 图 7-155

（15）选择"文本"工具 字 ，在适当的位置输入需要的文字，选择"选择"工具 ，在属性栏中选取适当的字体并设置文字大小，效果如图 7-156 所示。设置文字颜色的 CMYK 值为 91、73、0、0，填充文字，效果如图 7-157 所示。

图 7-156   图 7-157

（16）双击"矩形"工具 ，绘制一个与页面大小相等的矩形，如图 7-158 所示。设置图形颜色的 CMYK 值为 0、13、5、0，填充图形，并去除图形的轮廓线，效果如图 7-159 所示。咖啡标志绘制完成，效果如图 7-160 所示。

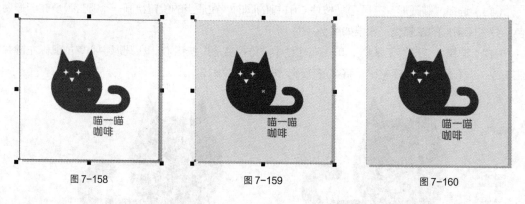

图 7-158   图 7-159   图 7-160

7.6　封套效果

使用"封套"工具 可以快速建立对象的封套效果，使文本、图形和位图都可以产生丰富的变形效果。

7.6.1　制作封套效果

打开一个要制作封套效果的图形，如图 7-161 所示。选择"封套"工具 ，单击图形，图形外围显示封套的控制线和控制点，如图 7-162 所示。按住鼠标左键不放，拖曳需要的控制点到适当的位置并松开鼠标左键，可以改变图形的外形，如图 7-163 所示。选择"选择"工具 并按 Esc 键，取消图形的选取状态，图形的封套效果如图 7-164 所示。

图 7-161

图 7-162

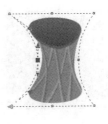
图 7-163

图 7-164

在属性栏的"预设列表" 预设... ▾ 中可以选择需要的预设封套效果。"直线模式"按钮□、"单弧模式"按钮□、"双弧模式"按钮□和"非强制模式"按钮 ✒ 为 4 种不同的封套编辑模式。"映射模式" 自由变形 ▾ 列表框包含 4 种映射模式,分别是"水平"模式、"原始"模式、"自由变形"模式和"垂直"模式。使用不同的映射模式可以使封套中的对象符合封套的形状,制作出所需要的变形效果。

7.6.2 课堂案例——制作教育公众号封面首图

【案例学习目标】

学习使用"文本"工具、"封套"工具制作教育公众号封面首图。

【案例知识要点】

使用"导入"命令添加素材图片;使用"文本"工具、"拆分美术字"命令、"封套"工具和"编辑填充"对话框添加并编辑标题文字;教育公众号封面首图效果如图 7-165 所示。

【效果所在位置】

云盘/Ch07/效果/制作教育公众号封面首图.cdr。

图 7-165

(1)按 Ctrl+N 组合键,弹出"创建新文档"对话框,设置文档的宽度为 900 px,高度为 383 px,取向为横向,原色模式为 RGB,渲染分辨率为 72 像素/英寸,单击"确定"按钮,创建一个文档。

(2)按 Ctrl+I 组合键,弹出"导入"对话框,选择云盘中的"Ch07 > 素材 > 制作教育公众号封面首图 > 01"文件,单击"导入"按钮,在页面中单击导入图片,如图 7-166 所示。按 P 键,图片在页面中居中对齐,效果如图 7-167 所示。

(3)按 Ctrl+I 组合键,弹出"导入"对话框,选择云盘中的"Ch07 > 素材 > 制作教育公众号封面首图 > 02"文件,单击"导入"按钮,在页面中单击导入图片;选择"选择"工具 ▶,拖曳图片到适当的位置,并调整其大小,效果如图 7-168 所示。

图 7-166　　　　　　　　　　　　　　　图 7-167

（4）选择"文本"工具**字**，在页面中输入需要的文字，选择"选择"工具，在属性栏中选取适当的字体并设置文字大小，效果如图 7-169 所示。

图 7-168　　　　　　　　　　　　　　　图 7-169

（5）向左拖曳文字右侧中间的控制手柄到适当的位置，调整其大小，效果如图 7-170 所示。按 Ctrl+K 组合键"拆分美术字"命令，将文字进行拆分，拆分完成后"在"字呈选中状态，如图 7-171 所示。

图 7-170　　　　　　　　　　　　　　　图 7-171

（6）选择"封套"工具，文字外围出现封套的控制点和控制线，如图 7-172 所示。在属性栏中单击"直线模式"按钮，其他选项的设置如图 7-173 所示。按住 Shift 键的同时，向下拖曳文字"在"下方的控制点到适当的位置，变形效果如图 7-174 所示。

图 7-172　　　　　　　　　图 7-173　　　　　　　　图 7-174

（7）用相同的方法使用"封套"工具，分别调整其他文字变形，效果如图 7-175 所示。选择"选择"工具，用圈选的方法将所有文字同时选取，按 Ctrl+G 组合键，将其编组，如图 7-176 所示。

图 7-175

图 7-176

（8）按 F11 键，弹出"编辑填充"对话框，选择"渐变填充"按钮▇，将"起点"选项颜色设为白色，"终点"选项颜色的 RGB 值设为 157、193、230，其他选项的设置如图 7-177 所示；单击"确定"按钮，填充文字，效果如图 7-178 所示。

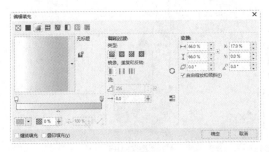

图 7-177

图 7-178

（9）选择"文本"工具**字**，在适当的位置输入需要的文字；选择"选择"工具，在属性栏中选取适当的字体并设置文字大小，填充文字为白色，效果如图 7-179 所示。选择"形状"工具，向右拖曳文字下方的▥图标，调整文字的间距，效果如图 7-180 所示。

图 7-179

图 7-180

（10）按 Ctrl+I 组合键，弹出"导入"对话框，选择云盘中的"Ch07 > 素材 > 制作教育公众号封面首图 > 03"文件，单击"导入"按钮，在页面中单击导入按钮；选择"选择"工具，拖曳按钮到适当的位置，效果如图 7-181 所示。教育公众号封面首图制作完成，效果如图 7-182 所示。

图 7-181

图 7-182

立体效果

立体效果是利用三维空间的立体旋转和光源照射的功能来完成的。使用 CorelDRAW X8 中的"立体化"工具 ⊗ 可以制作和编辑图形的三维效果。下面介绍如何制作图形的立体效果。

7.7.1 制作立体效果

绘制一个需要立体化的图形，如图 7-183 所示。选择"立体化"工具 ⊗，在图形上按住鼠标左键并向图形右下方拖曳，如图 7-184 所示；达到需要的立体效果后，松开鼠标左键，图形的立体化效果如图 7-185 所示。

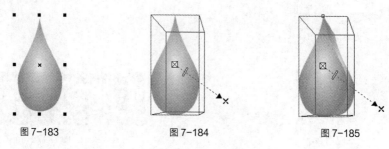

图 7-183　　　　　　　图 7-184　　　　　　　图 7-185

"立体化"工具属性栏如图 7-186 所示。各选项的含义如下。

图 7-186

"立体化类型" [图] 选项：单击选项后的三角形按钮弹出下拉列表，选择不同的选项可以出现不同的立体化效果。

"深度" [20] 选项：可以设置图形立体化的深度。

"灭点属性" [灭点锁定到对象] 选项：可以设置灭点的属性。

"页面或对象灭点"按钮 ⊗：可以将灭点锁定到页面上，在移动图形时灭点不能移动，且立体化的图形形状会改变。

"立体化旋转"按钮 ⊗：单击此按钮，弹出三维旋转设置区，将鼠标光标放在三维旋转设置区内会变为手形，拖曳鼠标可以在三维旋转设置区中旋转图形，页面中的立体化图形会进行相应的旋转。单击 入 按钮，设置区中出现"旋转值"数值框，可以精确地设置立体化图形的旋转数值。单击 ⊙ 按钮，恢复到设置区的默认设置。

"立体化颜色"按钮 ⊗：单击此按钮，弹出立体化图形的颜色设置区。在颜色设置区中有 3 种颜色设置模式，分别是"使用对象填充"模式 ■、"使用纯色"模式 ■ 和"使用递减的颜色"模式 ⊗。

"立体化倾斜"按钮 ⊗：单击此按钮，弹出斜角修饰设置区，通过拖曳设置区中图例的节点来添加斜角效果，也可以在增量框中输入数值来设定斜角。勾选"只显示斜角修饰边"复选框，将只显示立体化图形的斜角修饰边。

"立体化照明"按钮 ：单击此按钮，弹出照明设置区，在设置区中可以为立体化图形添加光源。

7.7.2　课堂案例——制作阅读平台推广海报

【案例学习目标】

学习使用"立体化"工具、"调和"工具、"阴影"工具制作阅读平台推广海报。

【案例知识要点】

使用"文本"工具、"文本属性"泊坞窗添加标题文字；使用"立体化"工具为标题文字添加立体效果；使用"矩形"工具、"转角半径"选项、"调和"工具制作调和效果；使用"导入"命令导入图形元素；使用"阴影"工具为文字添加阴影效果；阅读平台推广海报效果如图 7-187 所示。

【效果所在位置】

云盘/Ch07/效果/制作阅读平台推广海报.cdr。

图 7-187

（1）按 Ctrl+N 组合键，弹出"创建新文档"对话框，设置文档的宽度为 1242 px，高度为 2208 px，取向为横向，原色模式为 RGB，渲染分辨率为 72 像素/英寸，单击"确定"按钮，创建一个文档。

（2）双击"矩形"工具 ，绘制一个与页面大小相等的矩形，如图 7-188 所示。设置图形颜色的 RGB 值为 5、138、74，填充图形，并去除图形的轮廓线，效果如图 7-189 所示。

（3）按数字键盘上的+键，复制矩形。选择"选择"工具 ，向右拖曳矩形左边中间的控制手柄到适当的位置，调整其大小，如图 7-190 所示。设置图形颜色的 RGB 值为 250、178、173，填充图形，效果如图 7-191 所示。

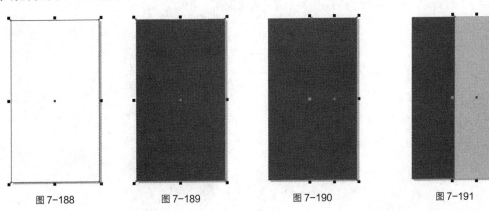

图 7-188　　　　　　图 7-189　　　　　　图 7-190　　　　　　图 7-191

（4）选择"文本"工具 字，在页面中输入需要的文字；选择"选择"工具 ，在属性栏中选取适当的字体并设置文字大小，填充文字为白色，效果如图 7-192 所示。

（5）选择"文本 > 文本属性"命令，在弹出的"文本属性"泊坞窗中进行设置，如图 7-193 所示；按 Enter 键，效果如图 7-194 所示。

图 7-192

图 7-193

图 7-194

（6）按 F12 键，弹出"轮廓笔"对话框，在"颜色"选项中设置轮廓线颜色的 RGB 值为 102、102、102，其他选项的设置如图 7-195 所示；单击"确定"按钮，效果如图 7-196 所示。

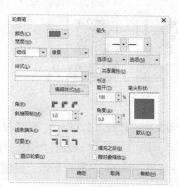
图 7-195

图 7-196

（7）选择"立体化"工具 ，由文字中心向右侧拖曳光标，在属性栏中单击"立体化颜色"按钮 ，在弹出的下拉列表中单击"使用纯色"按钮 ，设置立体色的 RGB 值为 255、219、211，其他选项的设置如图 7-197 所示；按 Enter 键，效果如图 7-198 所示。

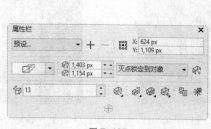
图 7-197

图 7-198

（8）选择"矩形"工具▢，在适当的位置绘制一个矩形，如图 7-199 所示。在属性栏中将"转角半径"选项设为 0 px、0 px、0 px 和 100 px，其他选项的设置如图 7-200 所示；按 Enter 键，效果如图 7-201 所示。

图 7-199

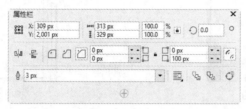
图 7-200

图 7-201

（9）填充图形为白色，效果如图 7-202 所示。按数字键盘上的+键，复制矩形。选择"选择"工具▯，向右下拖曳复制的矩形到适当的位置，效果如图 7-203 所示。

图 7-202

图 7-203

（10）选择"调和"工具🖍，在两个矩形之间拖曳鼠标添加调和效果，在属性栏中的设置如图 7-204 所示；按 Enter 键，效果如图 7-205 所示。

图 7-204

图 7-205

（11）选择"矩形"工具▢，在适当的位置绘制一个矩形，如图 7-206 所示。在属性栏中将"转角半径"选项设为 0 px、0 px、0 px 和 100 px，其他选项的设置如图 7-207 所示；按 Enter 键，效果如图 7-208 所示。

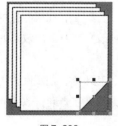
图 7-206

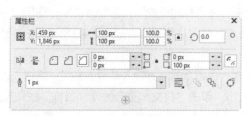
图 7-207

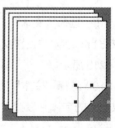
图 7-208

（12）保持图形选取状态。设置图形颜色的 RGB 值为 250、178、173，填充图形，效果如图 7-209 所示。选择"手绘"工具 ，在适当的位置绘制一条斜线，效果如图 7-210 所示。

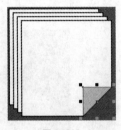

图 7-209

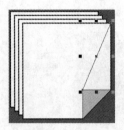

图 7-210

（13）按 F12 键，弹出"轮廓笔"对话框，在"颜色"选项中设置轮廓线颜色为黑色，其他选项的设置如图 7-211 所示；单击"确定"按钮，效果如图 7-212 所示。

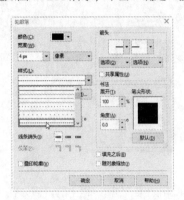

图 7-211

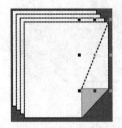

图 7-212

（14）选择"选择"工具 ，按数字键盘上的+键，复制斜线。按住 Shift 键的同时，水平向左拖曳复制的斜线到适当的位置，效果如图 7-213 所示。向内拖曳左下角的控制手柄到适当的位置，调整斜线的长度，效果如图 7-214 所示。

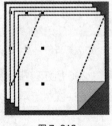

图 7-213

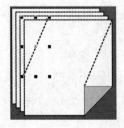

图 7-214

（15）选择"文本"工具 字，在适当的位置输入需要的文字；选择"选择"工具 ，在属性栏中选取适当的字体并设置文字大小，单击"将文本更改为垂直方向"按钮 ，更改文字方向，效果如图 7-215 所示。

（16）选择"文本"工具 字，在适当的位置输入需要的文字；选择"选择"工具 ，在属性栏中选取适当的字体并设置文字大小，单击"将文本更改为水平方向"按钮 ，更改文字方向，效果如图 7-216 所示。

图 7-215　　　　　　　　　　　　　图 7-216

（17）在"文本属性"泊坞窗中，选项的设置如图 7-217 所示；按 Enter 键，效果如图 7-218 所示。

图 7-217　　　　　　　　　　　　　图 7-218

（18）选择"文本"工具 **字**，在适当的位置输入需要的文字；选择"选择"工具 ，在属性栏中选取适当的字体并设置文字大小，效果如图 7-219 所示。在"文本属性"泊坞窗中，选项的设置如图 7-220 所示；按 Enter 键，效果如图 7-221 所示。

图 7-219　　　　　　　　　图 7-220　　　　　　　　　图 7-221

（19）选择"选择"工具 ，选取需要的斜线，如图 7-222 所示，按数字键盘上的+键，复制斜线。向右拖曳复制的斜线到适当的位置，效果如图 7-223 所示。

（20）按 Ctrl+I 组合键，弹出"导入"对话框，选择云盘中的"Ch07 > 素材 > 制作阅读平台推广海报 > 01"文件，单击"导入"按钮，在页面中单击导入图片，选择"选择"工具 ，拖曳图片到适当的位置，效果如图 7-224 所示。

（21）选择"矩形"工具 ，在适当的位置绘制一个矩形，在"RGB 调色板"中的"10%黑"色块上单击鼠标左键，填充图形，并去除图形的轮廓线，效果如图 7-225 所示。再绘制一个矩形，填充图形为白色，并去除图形的轮廓线，效果如图 7-226 所示。

图 7-222

图 7-223

图 7-224

图 7-225

图 7-226

（22）选择"阴影"工具，在白色矩形中从上向下拖曳光标，为矩形添加阴影效果，在属性栏中的设置如图 7-227 所示，按 Enter 键，效果如图 7-228 所示。

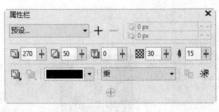
图 7-227

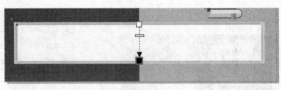
图 7-228

（23）选择"矩形"工具，在适当的位置绘制一个矩形，如图 7-229 所示，选择"文本"工具字，在适当的位置分别输入需要的文字，选择"选择"工具，在属性栏中分别选取适当的字体并设置文字大小，效果如图 7-230 所示。

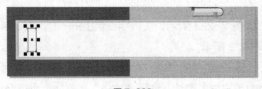
图 7-229

图 7-230

（24）选择"手绘"工具，按住 Ctrl 键的同时，在适当的位置绘制一条直线，如图 7-231 所示，按 F12 键，弹出"轮廓笔"对话框，在"颜色"选项中设置轮廓线颜色为黑色，其他选项的设置如图 7-232 所示；单击"确定"按钮，效果如图 7-233 所示。阅读平台推广海报制作完成，效果如

图 7-234 所示。

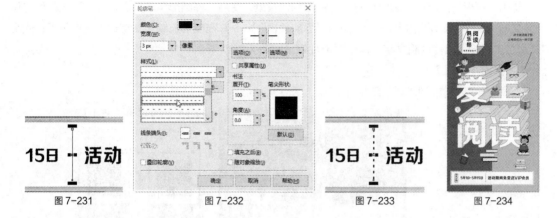

图 7-231　　　　　　图 7-232　　　　　　图 7-233　　　　　　图 7-234

7.8　透视效果

在设计和制作图形的过程中，经常会使用到透视效果。下面介绍如何在 CorelDRAW X8 中制作透视效果。

7.8.1　制作透视效果

使用"选择"工具 ▶ 选中要制作透视效果的图形，如图 7-235 所示。选择"效果 > 添加透视"命令，在图形的周围出现控制线和控制点，如图 7-236 所示。用鼠标光标拖曳控制点，制作需要的透视效果，在拖曳控制点时出现了透视点×，如图 7-237 所示。用鼠标光标可以拖曳透视点×，同时可以改变透视效果，如图 7-238 所示。制作好透视效果后，按空格键，确定完成的效果。

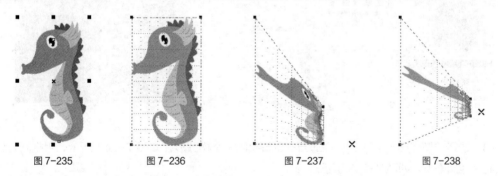

图 7-235　　　　　　图 7-236　　　　　　图 7-237　　　　　　图 7-238

要修改已经制作好的透视效果，需双击图形，再对已有的透视效果进行调整即可。选择"效果 > 清除透视点"命令，可以清除透视效果。

7.8.2　课堂案例——制作俱乐部卡片

【案例学习目标】

学习使用"添加透视"命令制作俱乐部卡片。

【案例知识要点】

使用"矩形"工具和"编辑填充"对话框制作背景；使用"椭圆形"工具、"合并"按钮和"置于图文框内部"命令添加装饰图案；使用"添加透视"命令并拖曳节点制作文字透视变形效果；使用"文本"工具输入其他说明文字；俱乐部卡片效果如图 7-239 所示。

【效果所在位置】

云盘/Ch07/效果/制作俱乐部卡片.cdr。

图 7-239

（1）按 Ctrl+N 组合键，弹出"创建新文档"对话框，设置文档的宽度为 160 mm，高度为 100 mm，取向为横向，原色模式为 CMYK，渲染分辨率为 300 像素/英寸，单击"确定"按钮，创建一个文档。

（2）双击"矩形"工具□，绘制一个与页面大小相等的矩形，按 F11 键，弹出"编辑填充"对话框，选择"渐变填充"按钮█，将"起点"选项颜色的 CMYK 值设为 90、45、10、0，"终点"选项颜色的 CMYK 值设为 40、0、0、0，其他选项的设置如图 7-240 所示；单击"确定"按钮，填充图形，并去除图形轮廓线，效果如图 7-241 所示。

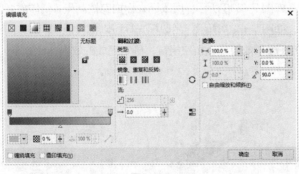

图 7-240

图 7-241

（3）选择"椭圆形"工具○，在适当的位置绘制一个椭圆形，如图 7-242 所示。用相同方法分别绘制其他椭圆形，如图 7-243 所示。

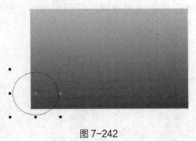

图 7-242

图 7-243

（4）选择"选择"工具 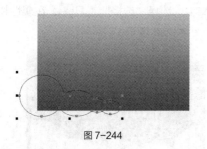，用圈选的方法将所绘制的椭圆形同时选取，单击属性栏中的"合并"
按钮 ，将多个图形合并为一个图形，效果如图 7-244 所示。填充图形为白色，并去除图形的轮廓
线，效果如图 7-245 所示。

图 7-244
图 7-245

（5）用相同的方法绘制其他图形，并填充相应的颜色，效果如图 7-246 所示。按 Ctrl+PageDown
组合键，将图形向后移一层，效果如图 7-247 所示。

图 7-246
图 7-247 

（6）选择"矩形"工具 □，在适当的位置绘制一个矩形，如图 7-248 所示。选择"选择"工具，
按住 Shift 键的同时，选取需要的图形，如图 7-249 所示。选择"对象 > PowerClip > 置于图文框
内部"命令，鼠标的光标变为黑色箭头形状，在矩形框上单击鼠标左键，如图 7-250 所示，将图形置
入矩形框中，并去除图形的轮廓线，效果如图 7-251 所示。

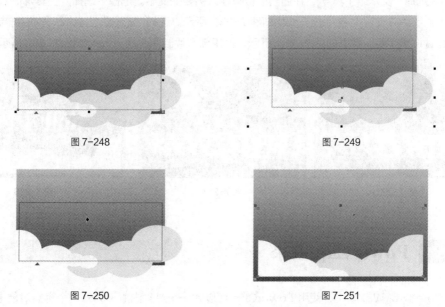

图 7-248
图 7-249

图 7-250
图 7-251

（7）按 Ctrl+I 组合键，弹出"导入"对话框，选择云盘中的"Ch07 > 素材 > 制作俱乐部卡片 > 01"文件，单击"导入"按钮，在页面中单击导入图片，选择"选择"工具 ↖，拖曳图片到适当的位置，并调整其大小，效果如图 7-252 所示。

（8）选择"文本"工具 字，在页面中输入需要的文字。选择"选择"工具 ↖，在属性栏中选择适当的字体并设置文字大小，填充文字为白色，效果如图 7-253 所示。

图 7-252

图 7-253

（9）选择"选择"工具 ↖，选取需要的文字图形，如图 7-254 所示。选择"效果 > 添加透视"命令，在文字图形周围出现控制线和控制点，拖曳需要的控制点到适当位置，透视效果如图 7-255 所示。

图 7-254

图 7-255

（10）选择"文本"工具 字，在适当的位置输入需要的文字。选择"选择"工具 ↖，在属性栏中选择适当的字体并设置文字大小，效果如图 7-256 所示。选择"形状"工具 ⬚，向右拖曳文字下方的 ⫿⫿⫿图标，调整字距，效果如图 7-257 所示。俱乐部卡片制作完成，效果如图 7-258 所示。

图 7-256

图 7-257

图 7-258

7.9 PowerClip 效果

在 CorelDRAW X8 中，使用 PowerClip 可以将一个对象内置于另外一个容器对象中。内置的对象可以是任意的，但容器对象必须是创建的封闭路径。

打开一张图片，再绘制一个图形作为容器对象，使用"选择"工具 选中要用来内置的图片，如图 7-259 所示。选择"对象 > PowerClip > 置于图文框内部"命令，鼠标的光标变为黑色箭头，将箭头放在容器对象内，如图 7-260 所示。单击鼠标左键，完成图框的精确剪裁，效果如图 7-261 所示。内置图形的中心和容器对象的中心是重合的。

图 7-259   图 7-260   图 7-261

选择"对象 > PowerClip > 提取内容"命令，可以将容器对象内的内置位图提取出来。

选择"对象 > PowerClip > 编辑 PowerClip"命令，可以修改内置对象。

选择"对象 > PowerClip > 结束编辑"命令，完成内置位图的重新选择。

选择"对象 > PowerClip > 复制 PowerClip 自"命令，鼠标的光标变为黑色箭头，将箭头放在图框精确剪裁对象上并单击，可复制内置对象。

课堂练习——制作家电广告

【练习知识要点】

使用"矩形"工具和"编辑填充"对话框制作背景效果，使用"文本"工具、"封套"工具和"阴影"工具制作广告语文字；使用"贝塞尔"工具、"轮廓图"工具和"拆分轮廓图"命令制作阴影效果；使用"矩形"工具和"调和"工具制作装饰图形；效果如图 7-262 所示。

【效果所在位置】

云盘/Ch07/效果/制作家电广告.cdr。

图 7-262

课后习题——制作特效文字

【习题知识要点】

使用"导入"命令导入图片；使用"立体化"工具为文字添加立体效果；使用"阴影"工具为文字添加阴影效果；使用"矩形"工具、"文本"工具和"调和"工具制作调和效果；效果如图 7-263 所示。

【效果所在位置】

云盘/Ch07/效果/制作特效文字.cdr。

图 7-263

下篇
案例实训篇

第 8 章
插画设计

现代插画艺术发展迅速，已经被广泛应用于杂志、周刊、广告、包装和纺织品领域。使用 CorelDRAW 绘制的插画简洁明快、独特新颖、形式多样，已经成为最流行的插画表现形式。本章以多个主题插画为例，讲解插画的多种绘制方法和制作技巧。

课堂学习目标

- ✔ 了解插画的概念和应用领域
- ✔ 了解插画的分类
- ✔ 了解插画的风格特点
- ✔ 掌握插画的绘制思路和过程
- ✔ 掌握插画的绘制方法和技巧

8.1 插画设计概述

插画，就是用来解释说明一段文字的图画。广告、杂志、说明书、海报、书籍、包装等平面作品中，凡是用来做"解释说明"用的图画都可以称为插画。

8.1.1 插画的应用领域

通行于国外市场的商业插画包括出版物插图、卡通吉祥物插图、影视与游戏美术设计插图和广告插画 4 种形式。在中国，插画已经遍布于平面和电子媒体、商业场馆、公众机构、商品包装、影视演艺海报、企业广告，甚至 T 恤、日记本和贺年片中。

8.1.2 插画的分类

插画的种类繁多，可以分为商业广告类插画、海报招贴类插画、儿童读物类插画、艺术创作类插画、流行风格类插画，如图 8-1 所示。

商业广告类插画　　海报招贴类插画　　儿童读物类插画　　艺术创作类插画　　流行风格类插画

图 8-1

8.1.3　插画的风格特点

插画的风格和表现形式多样，有抽象手法、写实手法，有黑白的、彩色的、运用材料的、运用照片的、电脑制作的，现代插画运用到的技术手段则更加丰富。

8.2　绘制家电 App 引导页插画

8.2.1　案例分析

本案例是为 Shine 家电 App 绘制的引导页插画，用于产品的宣传和推广，在插画绘制上要通过简洁的绘画语言突出宣传的主题，能体现出平台的特点。

在设计绘制过程中，通过淡黄色的背景突出前方的宣传主体，展现出电器美观、新潮的特点。设计要求内容丰富，图文搭配合理；画面色彩要充满时尚性和现代感，辨识度高，能引导人们的视线；风格具有特色，版式布局合理有序。

本案例将使用"矩形"工具、"转角半径"选项、"椭圆形"工具、"置于图文框内部"命令、"形状"工具和"轮廓笔"工具绘制洗衣机机身；使用"矩形"工具、"椭圆形"工具、"弧"按钮和"2 点线"工具绘制洗衣机按钮和滚筒；使用"透明度"工具绘制滚筒透明效果。

8.2.2　案例设计

本案例设计流程如图 8-2 所示。

绘制洗衣机机身　　　　绘制洗衣机滚筒　　　　最终效果

图 8-2

8.2.3 案例制作

1. 绘制洗衣机机身

（1）按 Ctrl+N 组合键，弹出"创建新文档"对话框，设置文档的宽度为 120 mm，高度为 100 mm，取向为横向，原色模式为 CMYK，渲染分辨率为 300 像素/英寸，单击"确定"按钮，创建一个文档。

（2）双击"矩形"工具 □，绘制一个与页面大小相等的矩形，如图 8-3 所示。设置图形颜色的 CMYK 值为 2、9、22、0，填充图形，并去除图形的轮廓线，效果如图 8-4 所示。

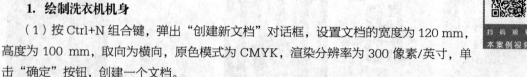

图 8-3   图 8-4

（3）使用"矩形"工具 □，再绘制一个矩形，填充图形为白色，并去除图形的轮廓线，效果如图 8-5 所示。在属性栏中将"转角半径"选项均设为 1.0 mm 和 0 mm；单击"相对角缩放"按钮 ，取消角缩放，如图 8-6 所示；按 Enter 键，效果如图 8-7 所示。

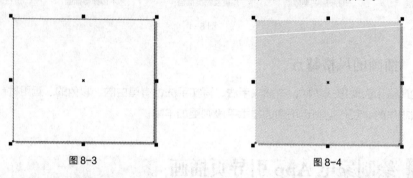

图 8-5   图 8-6   图 8-7

（4）按数字键盘上的+键，复制圆角矩形。选择"选择"工具 ，向上拖曳圆角矩形下边中间的控制手柄到适当的位置，调整其大小，效果如图 8-8 所示。设置图形颜色的 CMYK 值为 47、0、17、0，填充图形，效果如图 8-9 所示。

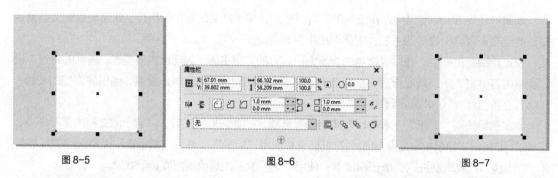

图 8-8   图 8-9

（5）选择"椭圆形"工具 ⭕，按住 Ctrl 键的同时，在适当的位置绘制一个圆形，填充图形为白色，并去除图形的轮廓线，效果如图 8-10 所示。

（6）选择"对象 > PowerClip > 置于图文框内部"命令，鼠标的光标变为黑色箭头形状，在下方圆角矩形上单击鼠标左键，如图 8-11 所示。将圆形置入下方圆角矩形中，效果如图 8-12 所示。

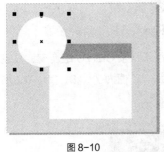 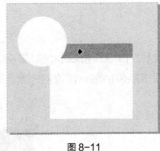 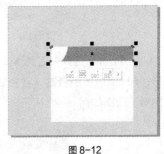

图 8-10　　　　　　　　　　图 8-11　　　　　　　　　　图 8-12

（7）选择"选择"工具 ▮，选取下方白色圆角矩形，如图 8-13 所示，按 Ctrl+C 组合键，复制图形，按 Ctrl+V 组合键，将复制的图形原位粘贴，如图 8-14 所示。设置图形颜色的 CMYK 值为 24、0、9、0，填充图形，效果如图 8-15 所示。

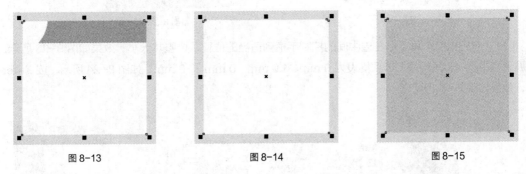

图 8-13　　　　　　　　　　图 8-14　　　　　　　　　　图 8-15

（8）向右拖曳圆角矩形左边中间的控制手柄到适当的位置，调整其大小，效果如图 8-16 所示。在属性栏中将"转角半径"选项均设为 0 mm、1.0 mm、0 mm 和 0 mm；如图 8-17 所示；按 Enter 键，效果如图 8-18 所示。

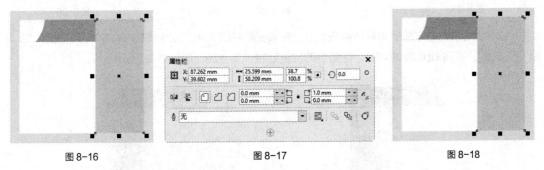

图 8-16　　　　　　　　　　图 8-17　　　　　　　　　　图 8-18

（9）单击属性栏中的"转换为曲线"按钮 🅒，将图形转换为曲线，如图 8-19 所示。选择"形状"工具 ▮，选中并向左拖曳左下角的节点到适当的位置，效果如图 8-20 所示。

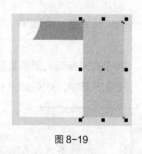

图 8-19

图 8-20

（10）选择"选择"工具 ，选取下方白色圆角矩形，如图 8-21 所示，按 Ctrl+C 组合键，复制图形，按 Ctrl+V 组合键，将复制的图形原位粘贴。设置图形颜色的 CMYK 值为 77、8、32、0，填充图形，效果如图 8-22 所示。

图 8-21

图 8-22

（11）向右拖曳圆角矩形左边中间的控制手柄到适当的位置，调整其大小，效果如图 8-23 所示。在属性栏中将"转角半径"选项均设为 0 mm、1.0 mm、0 mm 和 0 mm；如图 8-24 所示；按 Enter键，效果如图 8-25 所示。

图 8-23

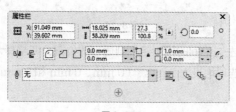

图 8-24

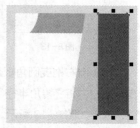

图 8-25

（12）使用相同的方法复制其他圆角矩形，并填充相应的颜色，效果如图 8-26 所示。选择"2 点线"工具 ，按住 Ctrl 键的同时，在适当的位置绘制一条直线，如图 8-27 所示。

图 8-26

图 8-27

（13）按 F12 键，弹出"轮廓笔"对话框，在"颜色"选项中设置轮廓线颜色的 CMYK 值为 100、84、44、5，其他选项的设置如图 8-28 所示；单击"确定"按钮，效果如图 8-29 所示。

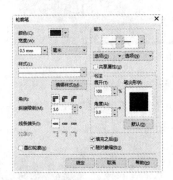

图 8-28

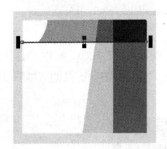

图 8-29

2. 绘制洗衣机按钮和滚筒

（1）选择"矩形"工具，在适当的位置绘制一个矩形，如图 8-30 所示。在属性栏中将"转角半径"选项设为 0 mm、0 mm、1.0 mm 和 1.0 mm，如图 8-31 所示；按 Enter 键，效果如图 8-32 所示。

图 8-30

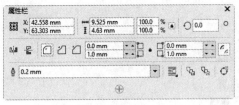

图 8-31

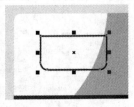

图 8-32

（2）按 F12 键，弹出"轮廓笔"对话框，在"颜色"选项中设置轮廓线颜色的 CMYK 值为 47、0、17、0，其他选项的设置如图 8-33 所示；单击"确定"按钮，效果如图 8-34 所示。

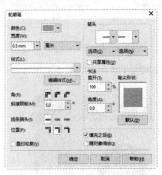

图 8-33

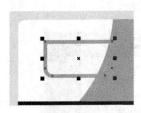

图 8-34

（3）选择"矩形"工具，在适当的位置绘制一个矩形，设置图形颜色的 CMYK 值为 100、84、44、5，填充图形，并去除图形的轮廓线，效果如图 8-35 所示。在属性栏中将"转角半径"选项均设为 0.5 mm；按 Enter 键，效果如图 8-36 所示。

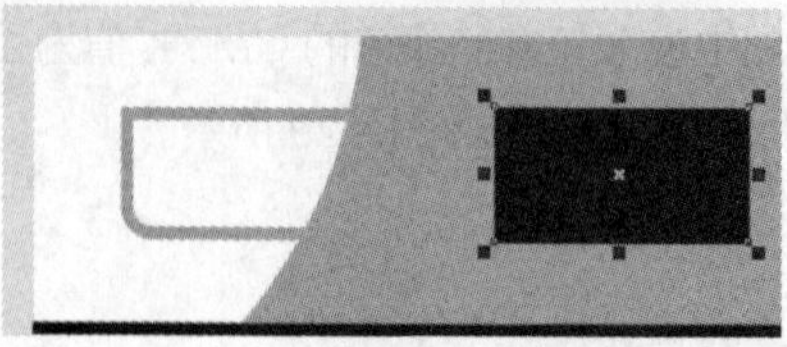

图 8-35

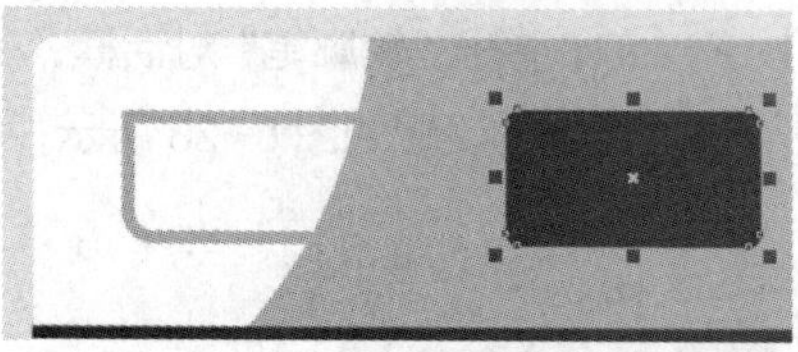

图 8-36

（4）选择“椭圆形”工具，按住 Ctrl 键的同时，在适当的位置绘制一个圆形，如图 8-37 所示。在属性栏中单击“弧”按钮，其他选项的设置如图 8-38 所示；按 Enter 键，效果如图 8-39 所示。

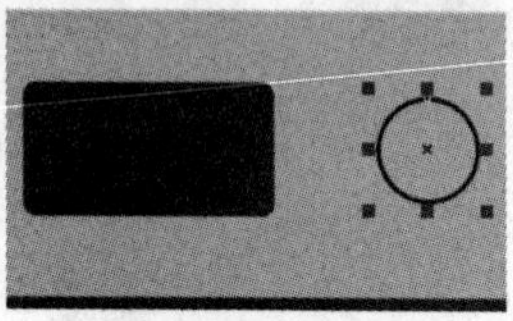

图 8-37

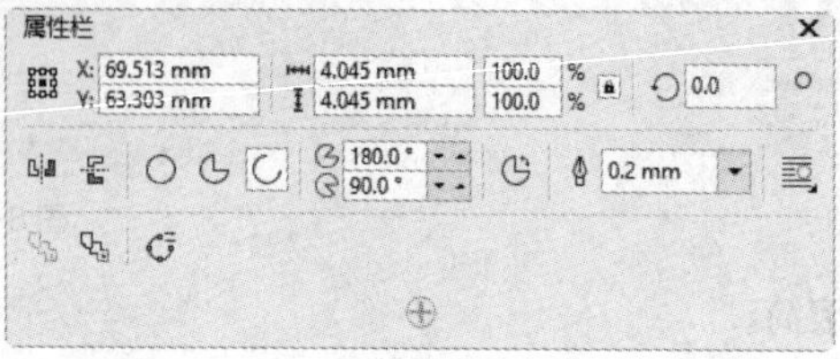

图 8-38

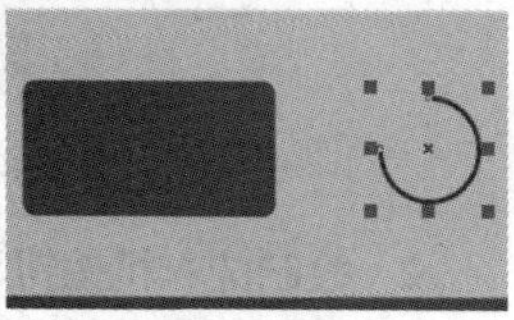

图 8-39

（5）按 F12 键，弹出“轮廓笔”对话框，在“颜色”选项中设置轮廓线颜色的 CMYK 值为 100、84、44、5，其他选项的设置如图 8-40 所示；单击“确定”按钮，效果如图 8-41 所示。

（6）按数字键盘上的+键，复制弧形。选择“选择”工具，按住 Shift 键的同时，水平向右拖曳复制的弧形到适当的位置，效果如图 8-42 所示。

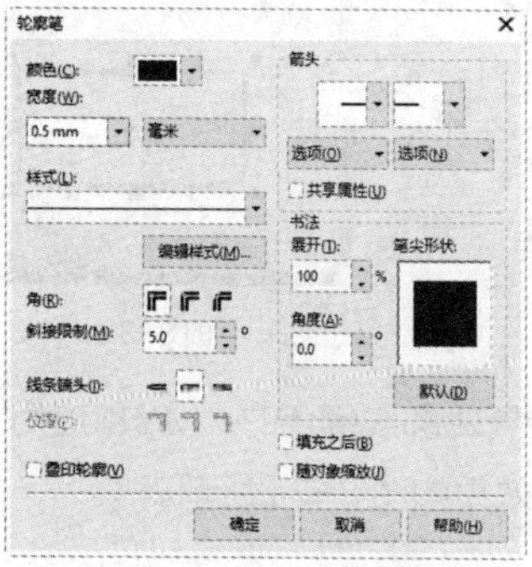

图 8-40

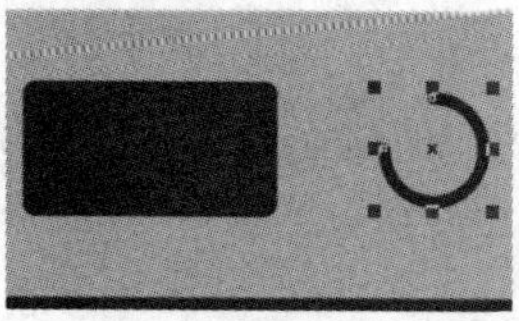

图 8-41

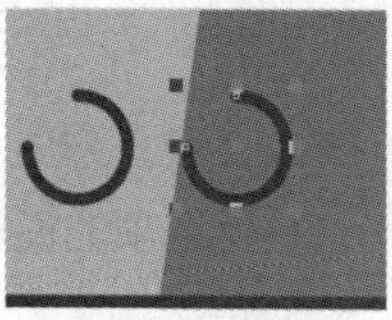

图 8-42

（7）选择“椭圆形”工具，按住 Ctrl 键的同时，在适当的位置绘制一个圆形，如图 8-43 所示。设置图形颜色的 CMYK 值为 100、84、44、5，填充图形，并去除图形的轮廓线，效果如图 8-44 所示。

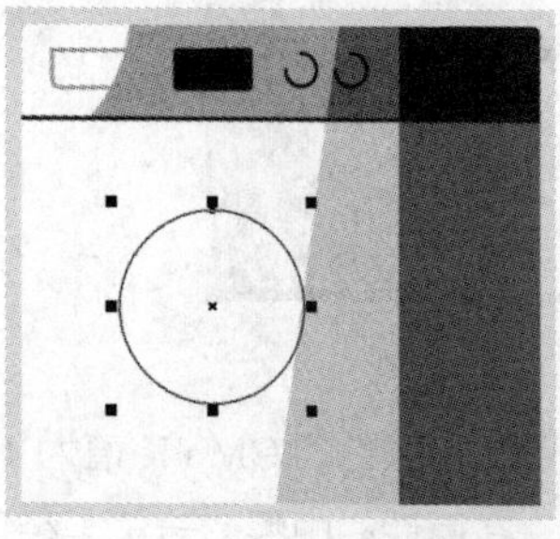

图 8-43

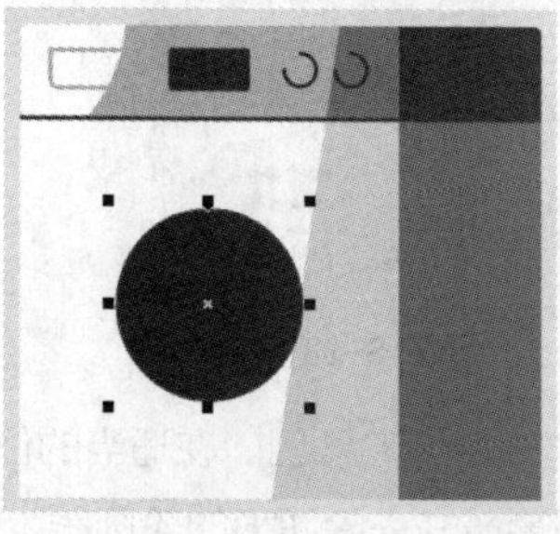

图 8-44

（8）按 F12 键，弹出"轮廓笔"对话框，在"颜色"选项中设置轮廓线颜色的 CMYK 值为 47、0、17、0，其他选项的设置如图 8-45 所示；单击"确定"按钮，效果如图 8-46 所示。

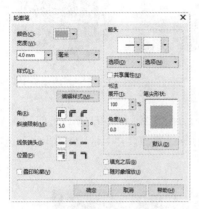
图 8-45

图 8-46

（9）选择"矩形"工具，在适当的位置绘制一个矩形，设置图形颜色的 CMYK 值为 47、0、17、0，填充图形，并去除图形的轮廓线，效果如图 8-47 所示。在属性栏中将"转角半径"选项设为 1.0 mm、2.0 mm、1.0 mm 和 2.0 mm，如图 8-48 所示；按 Enter 键，效果如图 8-49 所示。

图 8-47

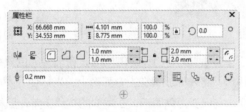
图 8-48

图 8-49

（10）使用"矩形"工具，再绘制一个矩形，如图 8-50 所示，设置图形颜色的 CMYK 值为 47、0、17、0，填充图形，并去除图形的轮廓线，效果如图 8-51 所示。

图 8-50

图 8-51

（11）选择"3 点矩形"工具，在适当的位置拖曳鼠标绘制一个倾斜矩形，填充图形为白色，并去除图形的轮廓线，效果如图 8-52 所示。

（12）选择"透明度"工具，在属性栏中单击"均匀透明度"按钮，其他选项的设置如图 8-53 所示；按 Enter 键，效果如图 8-54 所示。

图 8-52　　　　　　　图 8-53　　　　　　　图 8-54

（13）选择"矩形"工具▢，在适当的位置绘制一个矩形，设置图形颜色的 CMYK 值为 47、0、17、0，填充图形，并去除图形的轮廓线，效果如图 8-55 所示。在属性栏中将"转角半径"选项均设为 2.0 mm；按 Enter 键，效果如图 8-56 所示。

图 8-55　　　　　　　　　　　　　图 8-56

（14）选择"2 点线"工具✎，按住 Ctrl 键的同时，在适当的位置绘制一条直线，如图 8-57 所示。选择"属性滴管"工具✎，将光标放置在上方弧形上，光标变为🖋图标，如图 8-58 所示。在弧形上单击鼠标左键吸取属性，光标变为◆图标，在需要的直线上单击鼠标左键，填充图形，效果如图 8-59 所示。

图 8-57　　　　　　　图 8-58　　　　　　　图 8-59

（15）选择"选择"工具▤，用圈选的方法将所绘制的圆角矩形和直线同时选取，如图 8-60 所示，按数字键盘上的+键，复制图形。按住 Shift 键的同时，垂直向下拖曳复制的图形到适当的位置，效果如图 8-61 所示。

（16）按住 Ctrl 键的同时，再连续点按 D 键，按需要再复制出多个图形，效果如图 8-62 所示。用相同的方法绘制其他元素，效果如图 8-63 所示。家电 App 引导页插画制作完成。

图 8-60

图 8-61

图 8-62

图 8-63

8.3　绘制旅游插画

8.3.1　案例分析

本案例是为卡通书籍绘制的旅游插画。在插画绘制上要通过简洁的绘画语言表现出旅游的特点，以及它带来的乐趣。

在设计绘制过程中，用简单的色块构成插画的背景效果，营造出晴空万里、郁郁葱葱的感觉。简单的缆车图形形象生动，突显出活力感。整个画面自然协调且富于变化，让人印象深刻。

本案例将使用"星形"工具、"形状"工具、"矩形"工具绘制山和树；使用"椭圆形"工具、"置于图文框内部"命令置入图形；使用"矩形"工具、"转角半径"选项、"移除前面对象"按钮、"椭圆形"工具、"水平镜像"按钮、"垂直镜像"按钮和"编辑填充"对话框绘制云彩和缆车。

8.3.2　案例设计

本案例设计流程如图 8-64 所示。

绘制风景

绘制云彩和缆车
图 8-64

最终效果

8.3.3 案例制作

1. 绘制风景

2. 绘制云彩和缆车

8.4 绘制农场插画

8.4.1 案例分析

本案例是为生活杂志的休闲生活栏目绘制插画,本期休闲生活栏目的主题是乡村农场,要求插画通过对乡村农场的绘制,表现出乡村悠闲富足的生活环境,围绕栏目主题设计出新颖的效果。

在设计绘制过程中,首先以明亮的橙黄色作为插画背景色,起到衬托插画主体的作用,并且能够抓住人们的视线;其次,红色的农房搭配绿色的小树,增加了画面的绚丽感,给人活泼、形象、生动的印象,很好地表现了农场生活的趣味感。

本案例将使用"矩形"工具、"椭圆形"工具和"2点线"工具绘制背景;使用"椭圆形"工具和"置于图文框内部"命令绘制农场土地;使用"贝塞尔"工具、"矩形"工具、"两点线"工具和"置于图文框内部"命令绘制房子;使用"文本"工具添加需要的文字。

8.4.2 案例设计

本案例设计流程如图 8-65 所示。

绘制农场背景   绘制房屋   最终效果

图 8-65

8.4.3　案例制作

1．绘制农场背景

2．绘制房子图形

8.5　绘制家电插画

8.5.1　案例分析

本案例是为卡通书籍绘制家电插画。在插画绘制上要求以卡通形象的电器图形为主体，通过简洁的绘画语言表现出家电的趣味性和独特的风格。

在设计绘制过程中，以具象的技法绘制出家电插画，通过不同色彩的搭配，体现出不同的材质和质感，赋予了插画不同的风格和趣味。

本案例将使用"矩形"工具、"转角半径"选项、"2 点线"工具、"轮廓笔"工具、"多边形"工具、"椭圆形"工具和"3 点椭圆形"工具绘制微波炉；使用"矩形"工具、"3 点矩形"工具和"形状"工具绘制门框。

8.5.2　案例设计

本案例设计流程如图 8-66 所示。

绘制微波炉机身　　　　　绘制微波炉按钮　　　　　最终效果

图 8-66

8.5.3　案例制作

课堂练习1——绘制卡通猫

【练习知识要点】

使用"贝塞尔"工具和"钢笔"工具绘制卡通猫身体及尾巴；使用"3 点曲线"工具、"B 样条"工具、"2 点线"工具绘制装饰图形；使用"轮廓笔"工具填充图形；效果如图 8-67 所示。

【效果所在位置】

云盘/Ch08/效果/绘制卡通猫.cdr。

图 8-67

课堂练习2——绘制游戏机

【练习知识要点】

使用"椭圆形"工具、"3 点椭圆形"工具、"矩形"工具、"3 点矩形"工具和"基本形状"工具绘制游戏机；效果如图 8-68 所示。

【效果所在位置】

云盘/Ch08/效果/绘制游戏机.cdr。

图 8-68

课后习题 1——绘制咖啡馆插画

【习题知识要点】

使用"矩形"工具、"多边形"工具、"椭圆形"工具、"贝塞尔"工具和"复制"命令、"粘贴"命令绘制太阳伞；使用"矩形"工具、"形状"工具绘制咖啡杯；使用"文本"工具添加文字；效果如图 8-69 所示。

【效果所在位置】

云盘/Ch08/效果/绘制咖啡馆插画.cdr。

图 8-69

课后习题 2——绘制卡通绵羊插画

【习题知识要点】

使用"矩形"工具绘制背景效果；使用"贝塞尔"工具绘制羊和降落伞图形；使用"直线"工具绘制直线；使用"文本"工具添加文字；效果如图 8-70 所示。

【效果所在位置】

云盘/Ch08/效果/绘制卡通绵羊插画.cdr。

图 8-70

课后习题3——绘制夏日岛屿插画

【习题知识要点】

使用"椭圆形"工具、"B样条"工具和"创建边界"命令绘制岛屿；使用"贝塞尔"工具和"合并"命令绘制树；使用"椭圆形"工具和"移除前面对象"按钮绘制伞和救生圈；效果如图8-71所示。

【效果所在位置】

云盘/Ch08/效果/绘制夏日岛屿插画.cdr。

图8-71

课后习题4——绘制蔬菜插画

【习题知识要点】

使用"矩形"工具和"图样填充"工具绘制背景效果；使用"贝塞尔"工具、"椭圆形"工具、"矩形"工具、"渐变填充"工具和"图样填充"工具绘制蔬菜；使用"文本"工具添加文字；效果如图8-72所示。

【效果所在位置】

云盘/Ch08/效果/绘制蔬菜插画.cdr。

图8-72

09

第9章
宣传单设计

宣传单是直销广告的一种，对宣传活动和促销商品有着重要的作用。宣传单通过派送、邮递等形式，可以有效地将信息传达给目标受众。本章以各种不同主题的宣传单为例，讲解宣传单的设计方法和制作技巧。

课堂学习目标

✓ 了解宣传单的概念
✓ 了解宣传单的功能
✓ 掌握宣传单的设计思路和过程
✓ 掌握宣传单的制作方法和技巧

9.1　宣传单设计概述

　　宣传单是将产品和活动信息传播出去的一种广告形式，其最终目的是帮助客户推销产品，如图 9-1 所示。宣传单可以是单页，也可以做成多页形成宣传册。

图 9-1

9.2　制作招聘宣传单

9.2.1　案例分析

本案例是为一家视觉创意公司制作招聘宣传单。这家公司专为客户提供设计方面的技术和创意支持，为客户解决项目设计方面的问题。现公司需要新招一批专业设计人才，需要设计一款招聘海报，要求符合公司形象，并且符合行业特色。

在设计制作过程中，使用淡黄色图案作为背景，给人光明轻快的印象；使用插画的形式为画面进行点缀搭配，丰富画面效果，与背景搭配和谐舒适，增加了画面的活泼感；多彩的文字设计和活泼的排版方式，与宣传的主题相呼应，让人印象深刻。

本案例将使用"导入"命令添加素材图片；使用"文本"工具、"轮廓笔"工具和"添加透视"命令添加并编辑主题文字；使用"矩形"工具、"阴影"工具和"基本形状"工具添加装饰图形；使用"文本"工具添加职位信息和联系方式。

9.2.2 案例设计

本案例设计流程如图 9-2 所示。

添加主题文字　　　　　　添加招聘信息　　　　　　　　　　　　　最终效果

图 9-2

9.2.3 案例制作

1. 制作宣传单正面

（1）按 Ctrl+N 组合键，新建一个 A4 页面。按 Ctrl+I 组合键，弹出"导入"对话框，选择云盘中的"Ch09 > 素材 > 制作招聘宣传单 > 01"文件，单击"导入"按钮，在页面中单击导入图片，如图 9-3 所示。按 P 键，图片在页面中居中对齐，效果如图 9-4 所示。

扫码观看
本案例视频

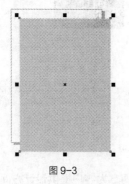 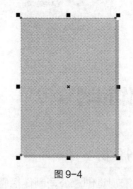

图 9-3　　　　　　　　　　　　　　　　图 9-4

（2）选择"文本"工具字，在页面中输入需要的文字，选择"选择"工具▶，在属性栏中选取适当的字体并设置文字大小，填充文字为白色，效果如图 9-5 所示。

（3）按 F12 键，弹出"轮廓笔"对话框，在"颜色"选项中设置轮廓线颜色为黑色，其他选项的设置如图 9-6 所示；单击"确定"按钮，效果如图 9-7 所示。

图 9-5 图 9-6 图 9-7

（4）按 Ctrl+K 组合键，将文字进行拆分，拆分完成后"招"字呈选中状态，如图 9-8 所示。选择"效果 > 添加透视"命令，文字周围出现控制线和控制点，如图 9-9 所示。分别用鼠标光标拖曳控制点到适当的位置，透视文字效果如图 9-10 所示。用相同的方法分别调整其他文字透视效果，如图 9-11 所示。

图 9-8 图 9-9

图 9-10 图 9-11

（5）选择"贝塞尔"工具✏，在适当的位置分别绘制不规则图形，如图 9-12 所示。选择"选择"工具▶，用圈选的方法将所绘制的图形同时选取，按 F12 键，弹出"轮廓笔"对话框，在"颜色"选项中设置轮廓线颜色为黑色，其他选项的设置如图 9-13 所示；单击"确定"按钮，并填充图形为白色，效果如图 9-14 所示。

图 9-12

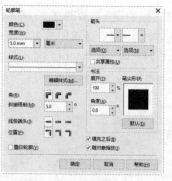
图 9-13

图 9-14

（6）单击属性栏中的"合并"按钮，结合图形，如图 9-15 所示。连续按 Ctrl+PageDown 组合键，将图形向后移至适当的位置，效果如图 9-16 所示。

图 9-15

图 9-16

（7）选择"矩形"工具，在适当的位置绘制一个矩形，如图 9-17 所示，设置图形颜色的 CMYK 值为 71、94、97、69，填充图形，并去除图形的轮廓线，效果如图 9-18 所示。

图 9-17

图 9-18

（8）选择"阴影"工具，在属性栏中单击"预设列表"选项，在弹出的菜单中选择"平面右下"，其他选项的设置如图 9-19 所示；按 Enter 键，效果如图 9-20 所示。

图 9-19

图 9-20

（9）选择"文本"工具**字**，在适当的位置输入需要的文字，选择"选择"工具，在属性栏中选取适当的字体并设置文字大小，填充文字为白色，效果如图 9-21 所示。选择"形状"工具，向右拖曳文字下方的 图标，调整文字的间距，效果如图 9-22 所示。

图 9-21

图 9-22

（10）按 Ctrl+I 组合键，弹出"导入"对话框，选择云盘中的"Ch09 > 素材 > 制作招聘宣传单 > 02"文件，单击"导入"按钮，在页面中单击导入图片，选择"选择"工具，拖曳图片到适当的位置，效果如图 9-23 所示。

（11）选择"文本"工具**字**，在适当的位置输入需要的文字，选择"选择"工具，在属性栏中选取适当的字体并设置文字大小，效果如图 9-24 所示。

图 9-23

图 9-24

（12）选择"椭圆形"工具，按住 Ctrl 键的同时，在页面外绘制一个圆形，填充图形为白色，如图 9-25 所示，在属性栏中的"轮廓宽度" 0.2 mm 框中设置数值为 2.5 mm，按 Enter 键，效果如图 9-26 所示。

（13）选择"变形"工具，单击属性栏中"推拉变形"按钮，在圆形中心单击鼠标左键并按住不放，向右侧拖曳鼠标，将图形变形，效果如图 9-27 所示。选择"选择"工具，在属性栏中的"旋转角度" 0 °框中设置数值为 -45；按 Enter 键，效果如图 9-28 所示。

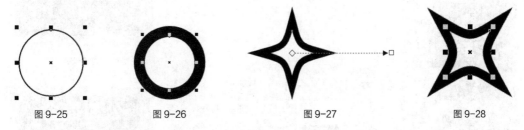

图 9-25　　　　图 9-26　　　　图 9-27　　　　图 9-28

（14）拖曳变形的星形到页面中适当的位置，效果如图 9-29 所示。按数字键盘上的 + 键，复制星形。向右拖曳复制的星形到适当的位置，并调整其大小，效果如图 9-30 所示。用相同的方法分别复制其他星形，并调整其大小，效果如图 9-31 所示。

图 9-29

图 9-30

图 9-31

（15）按 Ctrl+I 组合键，弹出"导入"对话框，选择云盘中的"Ch09 > 素材 > 制作招聘宣传单 > 03"文件，单击"导入"按钮，在页面中单击导入图片，选择"选择"工具 ▶️，拖曳图片到适当的位置，并调整其大小，效果如图 9-32 所示。

（16）选择"阴影"工具 ▢，在图片中从上向下拖曳光标，为图片添加阴影效果，在属性栏中的设置如图 9-33 所示；按 Enter 键，效果如图 9-34 所示。

图 9-32

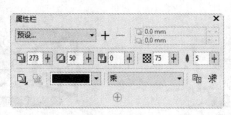

图 9-33

图 9-34

（17）选择"矩形"工具 ▢，在适当的位置绘制一个矩形，设置图形颜色的 CMYK 值为 71、94、97、69，填充图形，并去除图形的轮廓线，效果如图 9-35 所示。

（18）选择"阴影"工具 ▢，在属性栏中单击"预设列表"选项，在弹出的菜单中选择"平面右下"，其他选项的设置如图 9-36 所示；按 Enter 键，效果如图 9-37 所示。

（19）选择"文本"工具 字，在适当的位置输入需要的文字，选择"选择"工具 ▶️，在属性栏中选取适当的字体并设置文字大小，填充文字为白色，效果如图 9-38 所示。

图 9-37

图 9-35

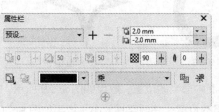

图 9-36

图 9-38

（20）选择"文本"工具**字**，在适当的位置拖曳出一个文本框，如图 9-39 所示。在文本框中输入需要的文字，在属性栏中选取适当的字体并设置文字大小，效果如图 9-40 所示。

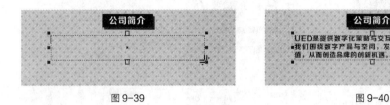

图 9-39	图 9-40

（21）选择"2 点线"工具 ，按住 Ctrl 键的同时，在适当的位置绘制一条直线，如图 9-41 所示。在属性栏中的"轮廓宽度" 0.2 mm 框中设置数值为 1.5 mm；按 Enter 键，效果如图 9-42 所示。

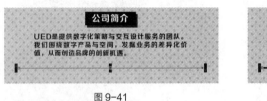 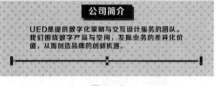

图 9-41	图 9-42

2. 制作宣传单背面

（1）选择"布局 > 再制页面"命令，在弹出的对话框中点选需要的单选项，如图 9-43 所示，单击"确定"按钮，再制页面，如图 9-44 所示。

图 9-43

图 9-44

（2）选择"选择"工具 ，选取不需要的段落文字，如图 9-45 所示，按 Delete 键，删除选中的文字，如图 9-46 所示。分别调整余下的图形和文字到适当的位置，并调整其大小，效果如图 9-47 所示。

（3）选择"文本"工具**字**，选取并重新输入文字"联系我们"，如图 9-48 所示。选择"选择"工具按 Ctrl+I 组合键，弹出"导入"对话框，选择云盘中的"Ch09 > 素材 > 制作招聘宣传单 > 04"文件，单击"导入"按钮，在页面中单击导入图片，选择"选择"工具 ，拖曳图片到适当的位置，效果如图 9-49 所示。

图 9-45　　　　　　　　　　图 9-46　　　　　　　　　　图 9-47

图 9-48　　　　　　　　　　　　　　　　图 9-49

（4）选择"矩形"工具 □，在适当的位置绘制一个矩形，在属性栏中的"轮廓宽度" ◊ 0.2 mm ▾ 框中设置数值为 0.5 mm；按 Enter 键，效果如图 9-50 所示。在"CMYK 调色板"中的"橘红"色块上单击鼠标左键，填充图形，效果如图 9-51 所示。

图 9-50　　　　　　　　　　　　　　　　图 9-51

（5）选择"阴影"工具 □，在属性栏中单击"预设列表"选项，在弹出的菜单中选择"平面右下"，其他选项的设置如图 9-52 所示；按 Enter 键，效果如图 9-53 所示。

图 9-52　　　　　　　　　　　　　　　　图 9-53

（6）选择"基本形状"工具 ▱，单击属性栏中的"完美形状"按钮 □，在弹出的下拉列表中选

择需要的形状，如图 9-54 所示。在适当的位置拖曳鼠标绘制图形，填充图形为白色，并去除图形的
轮廓线，如图 9-55 所示。

图 9-54

图 9-55

（7）选择"文本"工具 **字**，在适当的位置分别输入需要的文字，选择"选择"工具 **↖**，在属性
栏中分别选取适当的字体并设置文字大小，效果如图 9-56 所示。选取文字"程序开发员"，填充文
字为白色，效果如图 9-57 所示。

图 9-56

图 9-57

（8）选择"文本"工具 **字**，在适当的位置拖曳出一个文本框，如图 9-58 所示。在文本框中输入
需要的文字，在属性栏中选取适当的字体并设置文字大小，效果如图 9-59 所示。

图 9-58

图 9-59

（9）用相同的方法添加其他职位信息，效果如图 9-60 所示。选择"文本"工具 **字**，在适当的位
置分别输入需要的文字，选择"选择"工具 **↖**，在属性栏中分别选取适当的字体并设置文字大小，效
果如图 9-61 所示。招聘宣传单制作完成。

图 9-60

图 9-61

9.3 制作美食宣传单折页

9.3.1 案例分析

本案例是为艾格斯兰美食厅制作的宣传单。要求宣传单能够运用图片和宣传文字并使用独特的设计手法，主题鲜明地展现出食物的健康、可口。

在设计制作过程中，通过浅色渐变背景搭配精美的产品图片，体现出产品选料精良、美味可口的特点；通过艺术设计的标题文字，展现出时尚和现代感，突出宣传主题，让人印象深刻。

使用"导入"命令添加美食图片；使用"贝塞尔"工具、"文本"工具、"使文本适合路径"命令制作路径文字；使用"矩形"工具、"转角半径"选项、"2点线"工具和"轮廓笔"工具绘制装饰图形；使用"导入"命令、"矩形"工具、"置于图文框内部"命令置入图形；使用"文本"工具、"文本属性"泊坞窗添加宣传性文字。

9.3.2 案例设计

本案例设计流程如图 9-62 所示。

制作宣传单折页 01　　制作宣传单折页 02　　制作宣传单折页 03　　制作宣传单折页 04

最终效果

图 9-62

9.3.3　案例制作

1.　制作宣传单折页 01 和 02

2.　制作宣传单折页 03 和 04

课堂练习1——制作舞蹈宣传单

【练习知识要点】

使用"矩形"工具、"导入"命令制作底图；使用"快速描摹"命令将位图转换为矢量图；使用"矩形"工具和"形状"工具绘制装饰图形；使用"矩形"工具、"文本"工具、"合并"按钮添加宣传性文字；效果如图 9-63 所示。

【效果所在位置】

云盘/Ch09/效果/制作舞蹈宣传单.cdr。

图 9-63

课堂练习2——制作化妆品宣传单

【练习知识要点】

使用"导入"命令导入素材图片；使用"文本"工具、"文本属性"泊坞窗添加宣传文字；使用

"矩形"工具、"文本"工具、"合并"按钮制作镂空文字；效果如图 9-64 所示。

【效果所在位置】

云盘/Ch09/效果/制作化妆品宣传单.cdr。

图 9-64

课后习题 1——制作文具用品宣传单

【习题知识要点】

使用"文本"工具、"形状"工具、"矩形"工具制作标题文字；使用"轮廓图"工具为文字添加轮廓效果；使用"文本"工具添加其他宣传性文字；效果如图 9-65 所示。

【效果所在位置】

云盘/Ch09/效果/制作文具用品宣传单.cdr。

图 9-65

课后习题 2——制作糕点宣传单

【习题知识要点】

使用"矩形"工具、"贝塞尔"工具和"置于图文框内部"命令制作底图；使用"星形"工具、

"椭圆形"工具、"移除前面对象"按钮和"文字"工具制作标志图形；使用"矩形"工具、"置于图文框内部"命令、"星形"工具和"贝塞尔"工具制作糕点宣传栏；效果如图 9-66 所示。

【效果所在位置】

云盘/Ch09/效果/制作糕点宣传单.cdr。

图 9-66

第 10 章
Banner 设计

Banner 是帮助提高品牌转化的重要表现形式，直接影响到用户是否购买产品或参加活动，因此，Banner 设计对于产品、UI 以及运营至关重要。本章以多种题材的 Banner 广告为例，讲解 Banner 广告的设计方法和制作技巧。

课堂学习目标

- ✔ 了解 Banner 广告的概念
- ✔ 了解 Banner 广告的本质和功能
- ✔ 掌握 Banner 广告的设计思路和过程
- ✔ 掌握 Banner 广告的制作方法和技巧

10.1 Banner 广告设计概述

Banner 又称为横幅，即体现中心意旨的广告，用来宣传展示相关活动或产品，提高品牌转化。常用于 Web 界面、App 界面或户外展示等，如图 10-1 所示。

网易云音乐 App Banner

淘宝 Web Banner

图 10-1

10.2　制作 App 首页女装广告

10.2.1　案例分析

本案例是为欧文娅莎女装服饰店设计制作宣传广告，在设计上要求能充分展示出新款服饰的特色，并能表现出品牌的创新与信誉。

在设计制作过程中，以新品女装为主题，要求使用直观醒目的文字来诠释广告内容，表现活动特色；画面的色彩使用要富有朝气，给人青春洋溢的印象；设计风格具有特色，版式活而不散，能够引起顾客的兴趣及购买欲望。

本案例将使用"矩形"工具、"导入"命令和"置于图文框内部"命令制作广告底图；使用"色度/饱和度/亮度"命令调整人物图片色调；使用"文本"工具、"文本属性"泊坞窗添加广告宣传文字；使用"星形"工具、"旋转角度"选项绘制装饰星形。

10.2.2　案例设计

本案例设计流程如图 10-2 所示。

添加广告底图

添加标题文字

添加装饰星形

最终效果

图 10-2

10.2.3　案例制作

扫·码·观·看
本案例视频

1. 添加广告底图和标题文字

（1）按 Ctrl+N 组合键，弹出"创建新文档"对话框，设置文档的宽度为 750 px，高度为 360 px，取向为横向，原色模式为 RGB，渲染分辨率为 72 像素/英寸，单击"确定"按钮，创建一个文档。

（2）双击"矩形"工具🔲，绘制一个与页面大小相等的矩形，如图 10-3 所示，设置图形颜色的 RGB 值为 30、218、253，填充图形，并去除图形的轮廓线，效果如图 10-4 所示。

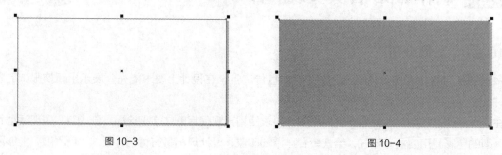

图 10-3　　　　　　　　　　　　　　　　图 10-4

（3）按 Ctrl+I 组合键，弹出"导入"对话框，选择云盘中的"Ch10 > 素材 > 制作 App 首页女装广告 > 01"文件，单击"导入"按钮，在页面中单击导入图片，选择"选择"工具⬑，拖曳人物图片到适当的位置，并调整其大小，效果如图 10-5 所示。

（4）选择"效果 > 调整 > 色度/饱和度/亮度"命令，在弹出的对话框中进行设置，如图 10-6 所示；单击"确定"按钮，效果如图 10-7 所示。

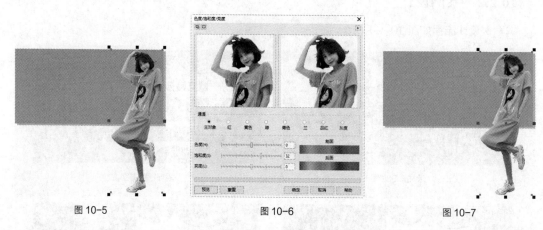

图 10-5　　　　　　　　　　图 10-6　　　　　　　　　　图 10-7

（5）按 Ctrl+I 组合键，弹出"导入"对话框，选择云盘中的"Ch10 > 素材 > 制作 App 首页女装广告 > 02"文件，单击"导入"按钮，在页面中单击导入图片，选择"选择"工具⬑，拖曳衣服图片到适当的位置，并调整其大小，效果如图 10-8 所示。在属性栏中的"旋转角度"○.0　°框中设置数值为 10；按 Enter 键，效果如图 10-9 所示。

图 10-8　　　　　　　　　　　　　　　　图 10-9

（6）选择"选择"工具 ，用圈选的方法将所有图片同时选取，如图 10-10 所示。选择"对象 >
PowerClip > 置于图文框内部"命令，鼠标的光标变为黑色箭头形状，在下方矩形上单击鼠标左键，
如图 10-11 所示。将选中的图片置入到下方矩形中，效果如图 10-12 所示。

图 10-10   图 10-11   图 10-12

（7）选择"贝塞尔"工具 ，在适当的位置绘制一个不规则图形，如图 10-13 所示，选择"选
择"工具 ，填充图形为白色，并在属性栏中的"轮廓宽度" `1 px` 框中设置数值为 3 px，按 Enter
键，效果如图 10-14 所示。

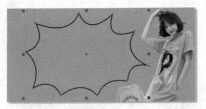
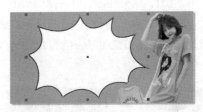

图 10-13   图 10-14

（8）选择"阴影"工具 ，在图形对象中从中向右下拖曳光标，为图形添加阴影效果，在属性栏
中的设置如图 10-15 所示，按 Enter 键，效果如图 10-16 所示。

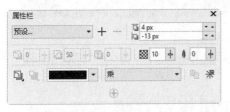

图 10-15   图 10-16

（9）选择"文本"工具 ，在页面中分别输入需要的文字，选择"选择"工具 ，在属性栏中
分别选取适当的字体并设置文字大小，效果如图 10-17 所示。选取下方的文字，设置文字颜色的 RGB
值为 253、6、101，填充文字，效果如图 10-18 所示。

图 10-17   图 10-18

（10）选择"文本 > 文本属性"命令，在弹出的"文本属性"泊坞窗中进行设置，如图 10-19 所示；按 Enter 键，效果如图 10-20 所示。

图 10-19

图 10-20

2. 添加装饰星形

（1）选择"矩形"工具 ▢，在适当的位置绘制一个矩形，设置图形颜色的 RGB 值为 253、6、101，填充图形，并去除图形的轮廓线，效果如图 10-21 所示。

（2）按数字键盘上的+键，复制矩形。选择"选择"工具 ▯，向左上方拖曳复制的矩形到适当的位置；设置图形颜色的 RGB 值为 73、66、160，填充图形，效果如图 10-22 所示。

图 10-21

图 10-22

（3）选择"调和"工具 ⬟，在两个矩形之间拖曳鼠标添加调和效果，在属性栏中的设置如图 10-23 所示，按 Enter 键，效果如图 10-24 所示。

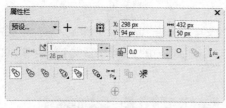

图 10-23

图 10-24

（4）选择"文本"工具 字，在适当的位置输入需要的文字，选择"选择"工具 ▯，在属性栏中选取适当的字体并设置文字大小，填充文字为白色，效果如图 10-25 所示。

（5）选择"椭圆形"工具 ◯，按住 Ctrl 键的同时，在适当的位置绘制一个圆形，并在属性栏中的"轮廓宽度" ◿ 1 px ▾ 框中设置数值为 3 px，按 Enter 键，效果如图 10-26 所示。设置图形颜色的 RGB 值为 253、6、101，填充图形，效果如图 10-27 所示。

图 10-25

图 10-26

图 10-27

（6）选择"文本"工具 字，在适当的位置输入需要的文字，选择"选择"工具 ，在属性栏中选取适当的字体并设置文字大小，填充文字为白色，效果如图 10-28 所示。在属性栏中的"旋转角度" ○ 0 ° 框中设置数值为-20；按 Enter 键，效果如图 10-29 所示。

图 10-28

图 10-29

（7）选择"星形"工具 ，在属性栏中的设置如图 10-30 所示，在适当的位置绘制一个星形，如图 10-31 所示，设置图形颜色的 RGB 值为 255、234、0，填充图形，并去除图形的轮廓线，效果如图 10-32 所示。

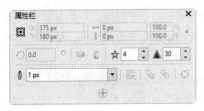

图 10-30

图 10-31

图 10-32

（8）保持图形选取状态。在属性栏中的"旋转角度" ↻ 框中设置数值为-20；按 Enter 键，效果如图 10-33 所示。按数字键盘上的+键，复制星形。选择"选择"工具 ，向右上方拖曳复制的星形到适当的位置，如图 10-34 所示。按住 Shift 键的同时，拖曳右上角的控制手柄，向中心等比例缩小星形，效果如图 10-35 所示。

图 10-33

图 10-34

图 10-35

（9）用相同的方法复制其他星形，并调整其角度，效果如图 10-36 所示。按 Ctrl+I 组合键，弹出"导入"对话框，选择云盘中的"Ch10 > 素材 > 制作 App 首页女装广告 > 03、04"文件，单击"导入"按钮，在页面中分别单击导入图片，选择"选择"工具 ，分别拖曳衣服图片到适当的位置，调整其大小和角度，效果如图 10-37 所示。App 首页女装广告制作完成。

图 10-36

图 10-37

10.3 制作女鞋电商广告

10.3.1 案例分析

本案例是为依美纳推出的新款女鞋设计制作宣传广告，设计要求以唤醒夏日为主题，以全新的设计理念和独特的表现手法宣传新款产品。

在设计制作过程中，使用浅色的背景和简单的几何图形营造出清新舒适的感觉，产品与展示台的完美结合和创意设计，在突出宣传主体的同时，展现出产品的品质和梦幻、知性的特色，加深了顾客的印象；醒目的产品名称起到装饰作用，且宣传性强。

本案例将使用"导入"命令导入素材图片；使用"阴影"工具为图形添加阴影效果；使用"文本"工具、"文本属性"泊坞窗添加文字信息；使用"矩形"工具、"文本"工具、"贝塞尔"工具和"椭圆形"工具绘制包邮标签；使用"矩形"工具、"轮廓笔"工具制作虚线效果。

10.3.2　案例设计

本案例设计流程如图 10-38 所示。

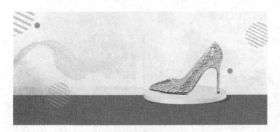
添加产品图片

添加广告文字

最终效果

图 10-38

10.3.3　案例制作

课堂练习 1——制作手机电商广告

【练习知识要点】

使用"导入"命令导入素材图片；使用"文本"工具、"文本属性"泊坞窗添加宣传性文字；使用"插入字符"命令添加需要的字符；效果如图 10-39 所示。

【效果所在位置】

云盘/Ch10/效果/制作手机电商广告.cdr。

图 10-39

课堂练习 2——制作服装电商广告

【练习知识要点】

　　使用"导入"命令、"矩形"工具和"置于图文框内部"命令制作背景；使用"文本"工具、"渐变"工具制作标题文字；使用"矩形"工具、"移除前面对象"按钮制作装饰框；使用"文本"工具、"文本属性"泊坞窗添加宣传性文字；效果如图 10-40 所示。

【效果所在位置】

　　云盘/Ch10/效果/制作服装电商广告.cdr。

图 10-40

课后习题 1——制作家电电商广告

【习题知识要点】

　　使用"矩形"工具、"导入"命令和"透明度"工具制作背景效果；使用"文本"工具、"立体化"工具制作标题文字；使用"矩形"工具、"文本"工具、"合并"按钮制作家电品类及活动时间；效果如图 10-41 所示。

【效果所在位置】

　　云盘/Ch10/效果/制作家电电商广告.cdr。

图 10-41

课后习题 2——制作女包电商广告

【习题知识要点】

使用"矩形"工具、"导入"命令、"渐变"工具和"置于图文框内部"命令制作广告背景；使用"贝塞尔"工具、"转换为位图"命令和"高斯式模糊"命令制作女包阴影；使用"文本"工具、"矩形"工具和"移除前面对象"按钮制作标题文字；使用"文本"工具添加其他相关信息；效果如图 10-42 所示。

【效果所在位置】

云盘/Ch10/效果/制作女包电商广告.cdr。

图 10-42

第 11 章
海报设计

海报是广告艺术中的一种大众化载体，又名"招贴"或"宣传画"。由于海报具有尺寸大、远视性强、艺术性高的特点，因此，在宣传媒介中占有重要的位置。本章以各种不同主题的海报为例，讲解海报的设计方法和制作技巧。

课堂学习目标

- ✔ 了解海报的概念和功能
- ✔ 了解海报的种类和特点
- ✔ 掌握海报的设计思路和过程
- ✔ 掌握海报的制作方法和技巧

11.1 海报设计概述

海报分布在各街道、影剧院、展览会、商业闹区、车站、码头、公园等公共场所，用来完成一定的宣传任务。文化类的海报招贴更加接近于纯粹的艺术表现，是最能张扬个性的一种设计艺术形式，可以在其中注入一个民族的精神、一个国家的精神、一个企业的精神，或是一个设计师的精神。商业类的海报具有一定的商业意义，其艺术性服务于商业目的，并为商业目的而努力。

11.1.1 海报的种类

海报按其应用不同大致可以分为文化海报、商业海报、电影海报和公益海报等，如图 11-1 所示。

文化海报　　　　　　商业海报　　　　　　电影海报　　　　　　公益海报

图 11-1

11.1.2　海报的特点

　　尺寸大：海报张贴于公共场所，会受到周围环境和各种因素的干扰，所以必须以大画面及突出的形象和色彩展现在人们面前。其画面尺寸有全开、对开、长三开及特大画面（八张全开）等。

　　远视强：为了给来去匆忙的人们留下视觉印象，除了尺寸大之外，海报设计还要充分体现定位设计的原理。突出的商标、标志、标题、图形，或对比强烈的色彩，或大面积的空白，或简练的视觉流程使海报成为视觉焦点。

　　艺术性高：非商业海报内容广泛、形式多样，艺术表现力丰富，特别是文化艺术类的海报，根据广告主题可以充分发挥想象力，尽情施展艺术才华；而商业海报的表现形式以具有艺术表现力的摄影、造型写实的绘画或漫画形式为主，给消费者留下真实感人的画面和富有幽默情趣的感受。

11.2　制作文化海报

11.2.1　案例分析

　　本案例是为 Circle 平台设计制作文化海报，要求能够适用于平台传播，以宣传博物馆知识为主要内容，内容明确清晰，能够表现宣传主题，展现平台品质。

　　在设计制作中，首先使用黄色的背景营造出珍贵高雅的环境，起到衬托画面主体的作用。海报内容是以博物馆知识为主，将文字与图片相结合，表明主题；色调典雅，带给人平静、放松的视觉感受；画面干净整洁，使观者体会到阅读的快乐；文字的设计清晰明了，提高阅读性。

　　本案例将使用"导入"命令添加素材图片；使用"选择"工具、"对齐与分布"泊坞窗排列对齐图片；使用"文本"工具、"文本属性"泊坞窗添加标题和其他信息；使用"2 点线"工具、"轮廓笔"工具添加装饰线条。

11.2.2　案例设计

　　本案例设计流程如图 11-2 所示。

导入并排列图片

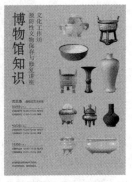
添加并编辑宣传文字

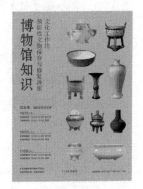
最终效果

图 11-2

11.2.3 案例制作

1. 导入并排列图片

（1）按Ctrl+N组合键，弹出"创建新文档"对话框，设置文档的宽度为420 mm，高度为570 mm，取向为纵向，原色模式为CMYK，渲染分辨率为300像素/英寸，单击"确定"按钮，创建一个文档。

（2）双击"矩形"工具□，绘制一个与页面大小相等的矩形，如图11-3所示，设置图形颜色的CMYK值为9、24、85、0，填充图形，并去除图形的轮廓线，效果如图11-4所示。

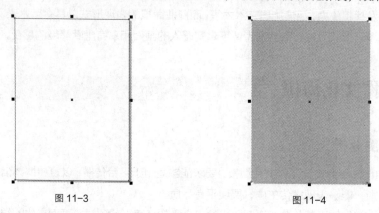

图11-3   图11-4

（3）按Ctrl+I组合键，弹出"导入"对话框，选择云盘中的"Ch11 > 素材 > 制作文化海报 > 01~11"文件，单击"导入"按钮，在页面中分别单击导入图片，选择"选择"工具▶，分别拖曳图片到适当的位置，效果如图11-5所示。

（4）选择"选择"工具▶，按住Shift键的同时，依次单击需要的图片将其同时选取（从左至右依次单击，最右侧图片作为目标对象），如图11-6所示。

图11-5   图11-6

（5）选择"对象 > 对齐和分布 > 对齐与分布"命令，弹出"对齐与分布"泊坞窗，单击"底端对齐"按钮▯ℿ，如图11-7所示，图形底对齐效果如图11-8所示。

（6）选择"选择"工具▶，按住Shift键的同时，依次单击需要的图片将其同时选取（从下向上依次单击，顶端图片作为目标对象），如图11-9所示。在"对齐与分布"泊坞窗中，单击"左对齐"按钮▤，如图11-10所示，图形左对齐效果如图11-11所示。

图 11-7

图 11-8

图 11-9

图 11-10

图 11-11

（7）选择"选择"工具，按住 Shift 键的同时，依次单击需要的图片将其同时选取（从上到下依次单击，底端图片作为目标对象），如图 11-12 所示。在"对齐与分布"泊坞窗中，单击"右对齐"按钮，如图 11-13 所示，图形右对齐效果如图 11-14 所示。

图 11-12

图 11-13

图 11-14

2. 添加宣传性文字

（1）选择"文本"工具字，在适当的位置输入需要的文字，选择"选择"工具，在属性栏中选取适当的字体并设置文字大小，单击"将文本更改为垂直方向"按钮，更改文字方向，效果如图 11-15 所示。设置文字颜色的 CMYK 值为 90、80、30、0，填充文字，效果如图 11-16 所示。

扫码观看
本案例视频

图 11-15

图 11-16

（2）选择"文本"工具 字，在适当的位置拖曳出一个文本框，如图 11-17 所示。在文本框中输入需要的文字，在属性栏中选取适当的字体并设置文字大小，效果如图 11-18 所示。设置文字颜色的 CMYK 值为 90、80、30、0，填充文字，效果如图 11-19 所示。

图 11-17

图 11-18

图 11-19

（3）选择"文本 > 文本属性"命令，在弹出的"文本属性"泊坞窗中进行设置，如图 11-20 所示；按 Enter 键，效果如图 11-21 所示。

图 11-20

图 11-21

（4）选择"文本"工具 字，在适当的位置拖曳出一个文本框，单击"将文本更改为水平方向"按钮 ，更改文字方向，如图 11-22 所示。在文本框中输入需要的文字，在属性栏中选取适当的字体并设置文字大小，效果如图 11-23 所示。设置文字颜色的 CMYK 值为 90、80、30、0，填充文字，效果如图 11-24 所示。

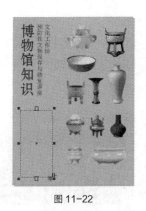
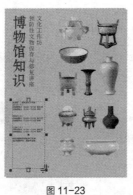

图 11-22   图 11-23   图 11-24

（5）在"文本属性"泊坞窗中，选项的设置如图 11-25 所示；按 Enter 键，效果如图 11-26
所示。

图 11-25   图 11-26

（6）选择"文本"工具 字 ，选取文字"沈北场"，在属性栏中设置文字大小，效果如图 11-27
所示。选取文字"道和五艺文化馆"，在属性栏中设置文字大小，效果如图 11-28 所示。用相同的方
法分别选取其他文字，设置文字相应的大小，效果如图 11-29 所示。

图 11-27   图 11-28   图 11-29

（7）选择"2 点线"工具 ，按住 Ctrl 键的同时，在适当的位置绘制一条直线，如图 11-30 所
示。按 F12 键，弹出"轮廓笔"对话框，在"颜色"选项中设置轮廓线颜色的 CMYK 值为 90、80、
30、0，其他选项的设置如图 11-31 所示；单击"确定"按钮，效果如图 11-32 所示。

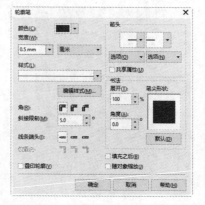

图 11-30 　　　　　　　　　　图 11-31 　　　　　　　　　　图 11-32

（8）选择"选择"工具 ，按数字键盘上的+键，复制直线。按住 Shift 键的同时，垂直向下拖曳复制的直线到适当的位置，效果如图 11-33 所示。按 Ctrl+D 组合键，按需要再复制一条直线，效果如图 11-34 所示。

图 11-33 　　　　　　　　　　　　图 11-34

（9）选择"文本"工具 字，在适当的位置分别输入需要的文字，选择"选择"工具 ，在属性栏中分别选取适当的字体并设置文字大小，效果如图 11-35 所示。将输入的文字同时选取，设置文字颜色的 CMYK 值为 90、80、30、0，填充文字，效果如图 11-36 所示。文化海报制作完成，效果如图 11-37 所示。

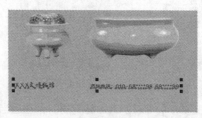
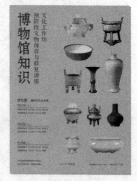

图 11-35 　　　　　　　　　　图 11-36 　　　　　　　　　　图 11-37

11.3　制作演唱会海报

11.3.1　案例分析

本案例是设计制作演唱会海报。设计要求体现出本次演出的主题，体现出音乐赋予人的力量和给予人的精神支撑。

在设计制作过程中，使用渐变的紫粉色背景营造出让人流连忘返的浪漫、温馨的氛围；月亮元素的添加在点明主旨的同时，使海报的设计变得更加丰富多彩，充满朝气与活力；整齐排列的标题文字，展现出时尚和现代感，突出宣传主题，让人印象深刻。

本案例将使用"文本"工具、"文本属性"泊坞窗添加并编辑宣传性文字；使用"文本"工具、"形状"工具编辑文字锚点；使用"封套"工具、"直线模式"按钮制作文字变形；使用"贝塞尔"工具、"合并"命令制作文字结合效果。

11.3.2　案例设计

本案例设计流程如图 11-38 所示。

导入背景图片

添加并编辑宣传文字

最终效果

图 11-38

11.3.3　案例制作

1. 添加并编辑宣传文字

2. 制作演唱会标志

课堂练习1——制作手机海报

【练习知识要点】

使用"钢笔工具"和"置于图文框内部"命令制作背景效果；使用"文本"工具、"贝塞尔"工具、"形状"工具和"编辑锚点"按钮制作宣传文字；使用"转换为位图"命令制作文字的背景效果；使用"轮廓图"工具制作文字的立体效果；使用"导入"命令导入产品图片；效果如图 11-39 所示。

【效果所在位置】

云盘/Ch11/效果/制作手机海报.cdr。

图 11-39

课堂练习2——制作重阳节海报

【练习知识要点】

使用"导入"命令、"透明度"工具和"置于图文框内部"命令制作背景效果；使用"贝塞尔"工具、"文本"工具、"合并"命令制作印章；使用"文本"工具添加介绍文字；效果如图 11-40 所示。

【效果所在位置】

云盘/Ch11/效果/制作重阳节海报.cdr。

图 11-40

课后习题 1——制作招聘海报

【习题知识要点】

使用"矩形"工具、"轮廓图"工具和"置于图文框内部"命令制作背景效果；使用"文本"工具和"文本属性"泊坞窗添加宣传文字；使用"贝塞尔"工具绘制装饰图形；效果如图 11-41 所示。

【效果所在位置】

云盘/Ch11/效果/制作招聘海报.cdr。

图 11-41

课后习题 2——制作"双 11"海报

【习题知识要点】

使用"导入"命令导入素材文件；使用"文本"工具、"阴影"工具制作标题文字；使用"矩形"工具、"移除前面对象"按钮制作装饰框；使用"转换为位图"命令、"高斯式模糊"命令制作装饰框阴影效果；使用"矩形"工具、"倒棱角"按钮、"文本"工具和"合并"按钮制作抢购标签；使用"文本"工具添加其他相关信息；效果如图 11-42 所示。

【效果所在位置】

云盘/Ch11/效果/制作"双 11"海报.cdr。

图 11-42

第 12 章
书籍装帧设计

精美的书籍装帧设计可以使读者享受到阅读的愉悦。书籍装帧整体设计所考虑的项目包括开本设计、封面设计、版本设计、使用材料等内容。本章以多个类别的书籍封面为例，讲解封面的设计方法和制作技巧。

课堂学习目标

- ✔ 了解书籍装帧设计的概念
- ✔ 了解书籍装帧的主体设计要素
- ✔ 掌握书籍封面的设计思路和过程
- ✔ 掌握书籍封面的制作方法和技巧

12.1　书籍装帧设计概述

书籍装帧设计是指书籍的整体设计。它包括的内容很多，封面、扉页和插图是其中的三大主体设计要素。

12.1.1　书籍结构图

书籍结构图效果如图 12-1 所示。

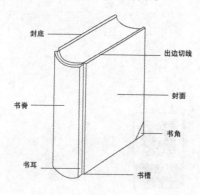
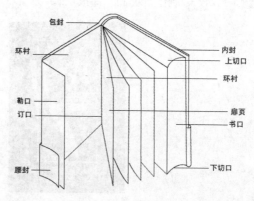

图 12-1

12.1.2　封面

封面是书籍的外表和标志，兼有保护书籍内文页和美化书籍外在形态的作用，是书籍装帧的重要组成部分，如图 12-2 所示。封面包括平装和精装两种。

要把握书籍的封面设计，就要注意把握书籍封面的 5 个要素：文字、材料、图案、色彩和工艺。

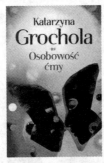

图 12-2

12.1.3　扉页

扉页是指封面或环衬页后的那一页。上面所载的文字内容与封面的要求类似，但要比封面文字的内容更详细一些。扉页的背面可以空白，也可以适当加一点图案作装饰点缀。

扉页除向读者介绍书名、作者名和出版社名外，还是书的入口和序曲，因而是书籍内部设计的重点，它的设计能表现出书籍内容、时代精神和作者风格。

12.1.4　插图

插图设计是活跃书籍内容的一个重要因素。有了它，更能发挥读者的想象力和对内容的理解力，并使读者获得艺术享受。

12.1.5　正文

书籍的核心和最基本的部分是正文，它是书籍设计的基础。正文设计的主要任务是方便读者，减少阅读的困难和疲劳感，同时给读者以美的享受。

正文包括几大要素：开本、版心、字体、行距、重点标志、段落起行、页码、页标题、注文以及标题。

12.2　制作美食书籍封面

12.2.1　案例分析

本案例是一本美食书籍封面设计，《面包师》是美食记出版社策划的为爱好烘焙工艺者提供参考的书籍。书籍的内容是面包烘焙，所以设计要求以面包图案为画面主要内容，并且合理搭配与用色，使书籍看起来更具特色。

在设计制作过程中，封面以面包烘焙为主，体现出本书特色；使用实景照片进行展示，在点明主旨的同时还增加了画面的丰富感，使画面看起来真实且富有特点；通过对画面的排版设计表现出书籍时尚、高端的风格。

本案例将使用"导入"命令添加素材图片；使用"色度/饱和度/亮度"命令、"亮度/对比度/强度"命令调整图片色调；使用"文本"工具、"文本属性"泊坞窗添加封面名称及其他内容；使用"矩形"工具、"椭圆形"工具、"合并"按钮、"移除前面对象"按钮和"文本"工具制作标签；使用"阴影"工具为标签添加阴影效果。

12.2.2　案例设计

本案例设计流程如图 12-3 所示。

制作封面　　　　　　　　制作封底　　　　　　　　　　　　最终效果

图 12-3

12.2.3　案例制作

1.　制作封面

（1）按 Ctrl+N 组合键，弹出"创建新文档"对话框，设置文档的宽度为 440 mm，高度为 285 mm，取向为横向，原色模式为 CMYK，渲染分辨率为 300 像素/英寸，单击"确定"按钮，创建一个文档。

（2）按 Ctrl+J 组合键，弹出"选项"对话框，选择"文档/页面尺寸"选项，在"出血"框中设置数值为 3.0，勾选"显示出血区域"复选框，如图 12-4 所示，单击"确定"按钮，页面效果如图 12-5 所示。

图 12-4　　　　　　　　　　　　　　　　　　　图 12-5

（3）选择"视图 > 标尺"命令，在视图中显示标尺。选择"选择"工具 🔖，在左侧标尺中拖曳一条垂直辅助线，在属性栏中将"X 位置"选项设为 210mm，按 Enter 键，效果如图 12-6 所示；用相同的方法，在 230mm 的位置上添加一条垂直辅助线，在页面空白处单击鼠标，效果如图 12-7 所示。

图 12-6　　　　　　　　　　　　　　　　　　　图 12-7

（4）按 Ctrl+I 组合键，弹出"导入"对话框，选择云盘中的"Ch12 > 素材 > 制作美食书籍封面 > 01"文件，单击"导入"按钮，在页面中单击导入图片，选择"选择"工具 🔖，拖曳图片到适当的位置，效果如图 12-8 所示。

（5）选择"效果 > 调整 > 色度/饱和度/亮度"命令，在弹出的对话框中进行设置，如图 12-9 所示；单击"确定"按钮，效果如图 12-10 所示。

图 12-8　　　　　　　　　　　图 12-9　　　　　　　　　　　图 12-10

（6）选择"效果 > 调整 > 亮度/对比度/强度"命令，在弹出的对话框中进行设置，如图 12-11 所示；单击"确定"按钮，效果如图 12-12 所示。

图 12-11　　　　　　　　　　　　　　　　　　　图 12-12

（7）选择"文本"工具**字**，在封面中分别输入需要的文字，选择"选择"工具，在属性栏中分别选取适当的字体并设置文字大小，填充文字为白色，效果如图 12-13 所示。选取文字"面包师"，选择"文本 > 文本属性"命令，在弹出的"文本属性"泊坞窗中进行设置，如图 12-14 所示；按 Enter 键，效果如图 12-15 所示。

图 12-13　　　　　　　　图 12-14　　　　　　　　图 12-15

（8）选取文字"烘焙攻略"，在"文本属性"泊坞窗中，选项的设置如图 12-16 所示；按 Enter 键，效果如图 12-17 所示。

图 12-16　　　　　　　　　　图 12-17

（9）选择"椭圆形"工具，按住 Ctrl 键的同时，在适当的位置绘制一个圆形，如图 12-18 所示。按数字键盘上的+键，复制圆形。选择"选择"工具，按住 Shift 键的同时，水平向右拖曳复制的圆形到适当的位置，效果如图 12-19 所示。连续按 Ctrl+D 组合键，按需要再绘制两个圆形，效果如图 12-20 所示（为了方便读者观看，这里以白色显示）。

图 12-18　　　　　　　　图 12-19　　　　　　　　图 12-20

（10）选择"矩形"工具，在适当的位置绘制一个矩形，如图 12-21 所示。选择"选择"工具，按住 Shift 键的同时，依次单击下方圆形将其同时选取，如图 12-22 所示，单击属性栏中的"合并"按钮，合并图形，如图 12-23 所示。

图 12-21　　　　　　　　图 12-22　　　　　　　　图 12-23

（11）保持图形选取状态。设置图形颜色的 CMYK 值为 0、90、100、0，填充图形，并去除图形的轮廓线，效果如图 12-24 所示。按 Ctrl+PageDown 组合键，将图形向后移一层，效果如图 12-25 所示。

图 12-24　　　　　　　　　　　　图 12-25

（12）选择"文本"工具 **字**，在适当的位置分别输入需要的文字，选择"选择"工具 ，在属性栏中分别选取适当的字体并设置文字大小，填充文字为白色，效果如图 12-26 所示。选取文字"109 道手工面包"，在"文本属性"泊坞窗中，选项的设置如图 12-27 所示；按 Enter 键，效果如图 12-28 所示。

图 12-26　　　　　　　　图 12-27　　　　　　　　图 12-28

（13）选取右侧需要的文字，单击属性栏中的"文本对齐"按钮 ，在弹出的下拉列表中选择"右"选项，如图 12-29 所示，文本右对齐效果如图 12-30 所示。选择"文本"工具 **字**，在文字"纳"右侧单击插入光标，如图 12-31 所示。

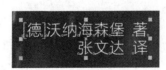
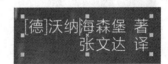

图 12-29　　　　　　　　图 12-30　　　　　　　　图 12-31

（14）选择"文本 > 插入字符"命令，弹出"插入字符"泊坞窗，在泊坞窗中按需要进行设置并选择需要的字符，如图 12-32 所示。双击选取的字符，插入字符，效果如图 12-33 所示。

（15）选择"手绘"工具 ，按住 Ctrl 键的同时，在适当的位置绘制一条直线，效果如图 12-34 所示。按 F12 键，弹出"轮廓笔"对话框，在"颜色"选项中设置轮廓线颜色为白色，其他选项的设置如图 12-35 所示；单击"确定"按钮，效果如图 12-36 所示。

图 12-32

图 12-33

图 12-34

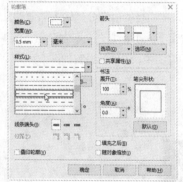

图 12-35

图 12-36

（16）选择"矩形"工具□，在适当的位置绘制一个矩形，如图 12-37 所示。在属性栏中将"转角半径"选项均设为 8.0 mm，如图 12- 38 所示；按 Enter 键，效果如图 12-39 所示。

图 12-37

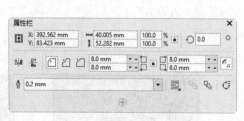

图 12-38

图 12-39

（17）选择"椭圆形"工具○，在适当的位置绘制一个椭圆形，如图 12-40 所示。选择"选择"工具，按住 Shift 键的同时，单击下方圆角矩形将其同时选取，如图 12-41 所示，单击属性栏中的"合并"按钮，合并图形，如图 12-42 所示。

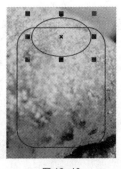

图 12-40

图 12-41

图 12-42

（18）按 Alt+F9 组合键，弹出"变换"泊坞窗，选项的设置如图 12-43 所示，再单击"应用"按钮 ，缩小并复制图形，效果如图 12-44 所示。

图 12-43

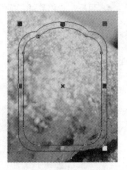

图 12-44

（19）按 F12 键，弹出"轮廓笔"对话框，在"颜色"选项中设置轮廓线颜色的 CMYK 值为 0、90、100、0，其他选项的设置如图 12-45 所示；单击"确定"按钮，效果如图 12-46 所示。

图 12-45

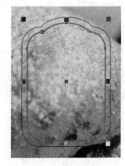

图 12-46

（20）选择"椭圆形"工具 ◯，按住 Ctrl 键的同时，在适当的位置绘制一个圆形，如图 12-47 所示。选择"选择"工具 ▶，按住 Shift 键的同时，单击后方需要的图形将其同时选取，如图 12-48 所示，单击属性栏中的"移除前面对象"按钮 ⬚，将两个图形剪切为一个图形，效果如图 12-49 所示。填充图形为白色，并去除图形的轮廓线，效果如图 12-50 所示。

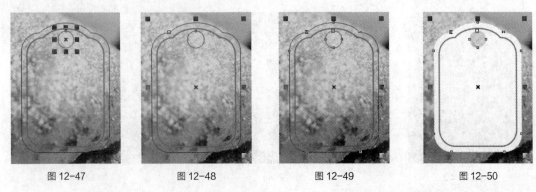

图 12-47   图 12-48   图 12-49   图 12-50

（21）选择"贝塞尔"工具 ✐，在适当的位置绘制一条曲线，如图 12-51 所示。选择"属性滴管"工具 ✐，将光标放置在下方图形轮廓上，光标变为 ✐ 图标，如图 12-52 所示。在轮廓上单击鼠标吸取属性，光标变为 ◆ 图标，在需要的图形上单击鼠标左键，填充图形，效果如图 12-53 所示。

图 12-51   图 12-52   图 12-53

（22）选择"文本"工具 字，在适当的位置输入需要的文字，选择"选择"工具 ▸，在属性栏中选取适当的字体并设置文字大小，效果如图 12-54 所示。设置文字颜色的 CMYK 值为 65、96、100、62，填充文字，效果如图 12-55 所示。在"文本属性"泊坞窗中，选项的设置如图 12-56 所示；按 Enter 键，效果如图 12-57 所示。

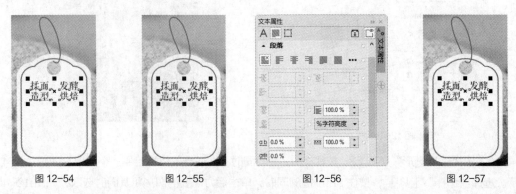

图 12-54   图 12-55   图 12-56   图 12-57

（23）选择"矩形"工具 ▢，在适当的位置绘制一个矩形，设置图形颜色的 CMYK 值为 0、90、100、0，填充图形，并去除图形的轮廓线，效果如图 12-58 所示。

（24）选择"文本"工具 字，在适当的位置分别输入需要的文字，选择"选择"工具 ▸，在属性栏中分别选取适当的字体并设置文字大小，填充文字为白色，效果如图 12-59 所示。

图 12-58　　　　　　　　　　　　　　　图 12-59

（25）选取文字"手工面包"，在"文本属性"泊坞窗中，选项的设置如图 12-60 所示；按 Enter 键，效果如图 12-61 所示。选择"椭圆形"工具，按住 Ctrl 键的同时，在适当的位置绘制一个圆形，设置轮廓线为白色，效果如图 12-62 所示。

图 12-60　　　　　　　图 12-61　　　　　　　　　图 12-62

（26）选择"文本"工具，在适当的位置输入需要的文字，选择"选择"工具，在属性栏中选取适当的字体并设置文字大小，效果如图 12-63 所示。设置文字颜色的 CMYK 值为 0、90、100、0，填充文字，效果如图 12-64 所示。

图 12-63　　　　　　　　　　　　　　　图 12-64

（27）单击属性栏中的"文本对齐"按钮，在弹出的下拉列表中选择"居中"选项，如图 12-65 所示，文本居中对齐效果如图 12-66 所示。选择"文本"工具，选取文字"看视频"，在属性栏中设置文字大小，效果如图 12-67 所示。

图 12-65　　　　　　　　　　　图 12-66　　　　　　　　　　图 12-67

（28）选择"选择"工具 ，用圈选的方法将图形和文字同时选取，按 Ctrl+G 组合键，将其群组，如图 12-68 所示。在属性栏中的"旋转角度" 框中设置数值为 16°；按 Enter 键，效果如图 12-69 所示。

图 12-68　　　　　　　　　　　　　图 12-69

（29）选择"阴影"工具 ，在图形中由上至下拖曳光标，为图形添加阴影效果，在属性栏中的设置如图 12-70 所示；按 Enter 键，效果如图 12-71 所示。

（30）选择"文本"工具 ，在适当的位置输入需要的文字，选择"选择"工具 ，在属性栏中选取适当的字体并设置文字大小，填充文字为白色，效果如图 12-72 所示。

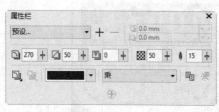

图 12-70　　　　　　　　　　　图 12-71　　　　　　　　　图 12-72

2. 制作封底和书脊

（1）按 Ctrl+I 组合键，弹出"导入"对话框，选择云盘中的"Ch12 > 素材 > 制作美食书籍封面 > 02"文件，单击"导入"按钮，在页面中单击导入图片，选择"选择"工具 ，拖曳图片到适当的位置，效果如图 12-73 所示。

（2）选择"效果 > 调整 > 亮度/对比度/强度"命令，在弹出的对话框中进行设置，如图 12-74 所示；单击"确定"按钮，效果如图 12-75 所示。

扫 码 观 看
本案例视频

图 12-73

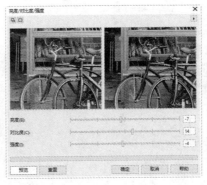
图 12-74

图 12-75

（3）选择"矩形"工具▢，在适当的位置绘制一个矩形，填充图形为黑色，并去除图形的轮廓线，如图 12-76 所示。选择"透明度"工具▨，在属性栏中单击"均匀透明度"按钮▣，其他选项的设置如图 12-77 所示，按 Enter 键，透明效果如图 12-78 所示。

图 12-76

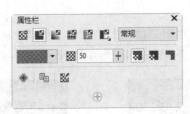
图 12-77

图 12-78

（4）选择"文本"工具字，在适当的位置拖曳出一个文本框，如图 12-79 所示。在文本框中输入需要的文字，在属性栏中选取适当的字体并设置文字大小，填充文字为白色，效果如图 12-80 所示。

图 12-79

图 12-80

（5）在"文本属性"泊坞窗中，单击"两端对齐"按钮▤，其他选项的设置如图 12-81 所示；按 Enter 键，效果如图 12-82 所示。

（6）选择"矩形"工具▢，在适当的位置绘制一个矩形，填充图形为白色，并去除图形的轮廓线，如图 12-83 所示。选择"文本"工具字，在适当的位置输入需要的文字，选择"选择"工具▸，在属性栏中选取适当的字体并设置文字大小，效果如图 12-84 所示。

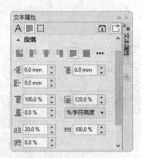

图 12-81

图 12-82

图 12-83

图 12-84

（7）选择"矩形"工具□，在适当的位置绘制一个矩形，如图 12-85 所示。设置图形颜色的 CMYK 值为 0、90、100、0，填充图形，并去除图形的轮廓线，效果如图 12-86 所示。

图 12-85

图 12-86

（8）选择"选择"工具 ，在封面中选取需要的图形，如图 12-87 所示。按数字键盘上的+键，复制图形。向左拖曳复制的图形到书脊中，拖曳右上角的控制手柄，等比例缩小图形，按 Shift+PageUp 组合键，将图形转移至图层前面。填充图形为白色，效果如图 12-88 所示。在属性栏中的"旋转角度" ○ ° 框中设置数值为-90°；按 Enter 键，效果如图 12-89 所示。

图 12-87

图 12-88

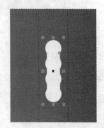

图 12-89

（9）用相同的方法分别复制封面中其他图形和文字到书脊中，填充相应的颜色，效果如图 12-90 所示。美食书籍封面制作完成，效果如图 12-91 所示。

图 12-90

图 12-91

12.3　制作旅行书籍封面

12.3.1　案例分析

本案例是为旅行书籍设计封面。现今随着交通的日益便捷，外出旅行已变得极为常见，旅行类书籍也得到越来越多的人的重视和喜爱，所以一本旅行书籍若想要在众多书籍中脱颖而出，书籍装帧至关重要。一般要求将此类书籍封面设计得美观大方。

在设计制作过程中，整部书籍以实景图为背景，脱离其他繁杂的装饰突出主体；使用简单的文字变化，使读者的视线都集中在书名上，达到宣传的效果；在封底和书脊的设计上使用文字和图形组合的方式，增加对读者的吸引力，增强读者的购书欲望。

本案例使用"文本"工具、"文本属性"泊坞窗制作封面文字；使用"椭圆形"工具、"调和"工具制作装饰圆形；使用"手绘"工具、"透明度"工具制作竖线；使用"导入"命令、"矩形"工具和"旋转角度"选项添加旅行照片。

12.3.2　案例设计

本案例设计流程如图 12-92 所示。

制作封面

制作封底

最终效果

图 12-92

12.3.3　案例制作

1．制作封面

2．制作封底和书脊

课堂练习1——制作花卉书籍封面

【练习知识要点】

　　使用"多边形"工具、"形状"工具、"文本"工具和"置于图文框内部"命令制作书籍名称；使用"矩形"工具、"文本"工具、"合并"按钮制作出版社标志；使用"文本"工具、"文本属性"泊坞窗添加封面信息；使用"透明度"工具为图片添加半透明效果；效果如图 12-93 所示。

【效果所在位置】

　　云盘/Ch12/效果/制作花卉书籍封面.cdr。

图 12-93

课堂练习2——制作极限运动书籍封面

【练习知识要点】

　　使用"导入"命令、"矩形"工具、"置于图文框内部"命令和"色度/饱和度/亮度"命令制作封面底图；使用"文本"工具、"文本属性"泊坞窗添加封面名称及其他内容；使用"阴影"工具为文字添加阴影效果；使用"插入字符"命令添加字符图形；效果如图 12-94 所示。

【效果所在位置】

云盘/Ch12/效果/制作极限运动书籍封面.cdr。

图 12-94

课后习题 1——制作茶之鉴赏书籍封面

【习题知识要点】

使用"矩形"工具、"导入"命令和"置于图文框内部"命令制作书籍封面；使用"亮度/对比度/强度"和"颜色平衡"命令调整图片颜色；使用"高斯式模糊"命令制作图片的模糊效果；使用"文本"工具输入直排和横排文字；使用"转换为曲线"命令和"渐变填充"工具转换并填充书籍名称；效果如图 12-95 所示。

【效果所在位置】

云盘/Ch12/效果/制作茶之鉴赏书籍封面.cdr。

图 12-95

课后习题 2——制作探索书籍封面

【习题知识要点】

使用"辅助线"命令添加辅助线；使用"文本"工具、"文本属性"泊坞窗制作书籍名称及出版信息；使用"矩形"工具、"透明度"工具制作半透明效果；效果如图 12-96 所示。

【效果所在位置】

云盘/Ch12/效果/制作探索书籍封面.cdr。

图 12-96

13

第13章
包装设计

包装代表着一个商品的品牌形象。好的包装设计可以让商品在同类产品中脱颖而出，吸引消费者的注意力并引发其购买行为。包装设计可以起到传达商品信息及美化商品的作用，更可以极大地提高商品的价值。本章以多个类别的包装为例，讲解包装的设计方法和制作技巧。

课堂学习目标

- ✓ 了解包装的概念
- ✓ 了解包装的功能和分类
- ✓ 掌握包装的设计思路和过程
- ✓ 掌握包装的制作方法和技巧

13.1 包装设计概述

包装最主要的功能是保护商品，其次是美化商品和传达信息。好的包装设计除了遵循设计中的基本原则外，还要着重研究消费者的心理活动，才能在同类商品中脱颖而出。包装设计如图 13-1 所示。

图 13-1

13.2 制作核桃奶包装

13.2.1 案例分析

埃伦斯股份有限公司是一家以奶制品、干果、茶叶、休闲零食等食品的分装与销售为主的企业。现公司推出高钙低脂核桃奶，要制作一款包装设计，传达出核桃奶健康美味的特点，并能够快速地吸引消费者的注意。

在设计制作过程中，使用浅褐色作为包装的主色调，给人干净清爽的印象，拉近与人们的距离；包装的正面使用充满田园风格的卡通插画，展现出自然、健康的销售卖点，同时增添了活泼的气息；文字的整齐排列使包装看起来整齐干净；时尚大方的设计能够得到顾客的喜爱。

本案例将使用"导入"命令添加包装外形；使用"椭圆形"工具、"矩形"工具、"移除前面对象"按钮、"形状"工具、"贝塞尔"工具绘制卡通形象；使用"文本"工具、"文本属性"泊坞窗添加商品名称及其他相关信息；使用"贝塞尔"工具、"文本"工具和"合并"按钮制作文字镂空效果。

13.2.2 案例设计

本案例设计流程如图 13-2 所示。

| 导入包装模型 | 绘制卡通形象 | 添加产品信息 | 最终效果 |

图 13-2

13.2.3 案例制作

1. 绘制卡通形象

（1）按 Ctrl+N 组合键，弹出"创建新文档"对话框，设置文档的宽度为 210 mm，高度为 297 mm，取向为纵向，原色模式为 CMYK，渲染分辨率为 300 像素/英寸，单击"确定"按钮，创建一个文档。

（2）按 Ctrl+I 组合键，弹出"导入"对话框，选择云盘中的"Ch13 > 素材 > 制作核桃奶包装 > 01"文件，单击"导入"按钮，在页面中单击导入图片，选择"选择"

工具 ▶，拖曳图片到适当的位置，并调整其大小，效果如图 13-3 所示。选择"椭圆形"工具 ◯，在页面中拖曳鼠标绘制一个椭圆形，如图 13-4 所示。

图 13-3　　　　　　　　　　　　　　　　图 13-4

（3）使用"椭圆形"工具 ◯，再绘制一个椭圆形，如图 13-5 所示。按数字键盘上的+键，复制图形。选择"选择"工具 ▶，按住 Shift 键的同时，水平向右拖曳复制的图形到适当的位置，效果如图 13-6 所示。选择"矩形"工具 ▢，在适当的位置绘制一个矩形，如图 13-7 所示。

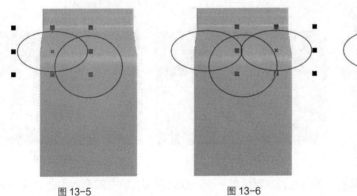

图 13-5　　　　　　　　　　图 13-6　　　　　　　　　　图 13-7

（4）选择"选择"工具 ▶，用圈选的方法将所绘制的图形同时选取，如图 13-8 所示。单击属性栏中的"移除前面对象"按钮 ⬚，将两个图形剪切为一个图形，效果如图 13-9 所示。设置图形颜色的 CMYK 值为 0、20、20、0，填充图形，并去除图形的轮廓线，效果如图 13-10 所示。

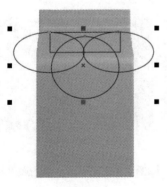

图 13-8　　　　　　　　　　图 13-9　　　　　　　　　　图 13-10

（5）选择"椭圆形"工具 ○，在适当的位置绘制一个椭圆形，如图 13-11 所示。单击属性栏中的"转换为曲线"按钮 ↻，将图形转换为曲线，如图 13-12 所示。选择"形状"工具 ↖，选中并向下拖曳椭圆形下方的节点到适当的位置，效果如图 13-13 所示。

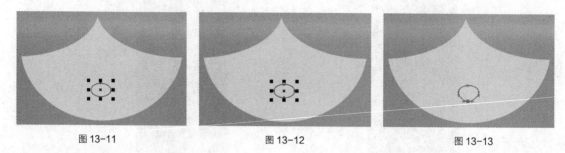

图 13-11　　　　　　图 13-12　　　　　　图 13-13

（6）选择"选择"工具 ↖，选取图形，按 F12 键，弹出"轮廓笔"对话框，在"颜色"选项中设置轮廓线颜色的 CMYK 值为 0、100、100、75，其他选项的设置如图 13-14 所示；单击"确定"按钮，效果如图 13-15 所示。设置图形颜色的 CMYK 值为 0、90、100、30，填充图形，效果如图 13-16 所示。

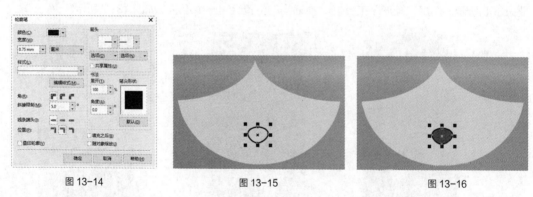

图 13-14　　　　　　图 13-15　　　　　　图 13-16

（7）选择"贝塞尔"工具 ✐，在适当的位置绘制一个不规则图形，填充图形为白色，并去除图形的轮廓线，效果如图 13-17 所示。

（8）选择"选择"工具 ↖，按数字键盘上的+键，复制图形。按住 Shift 键的同时，水平向右拖曳复制的图形到适当的位置，效果如图 13-18 所示。单击属性栏中的"水平镜像"按钮 ◫，水平翻转图形，效果如图 13-19 所示。

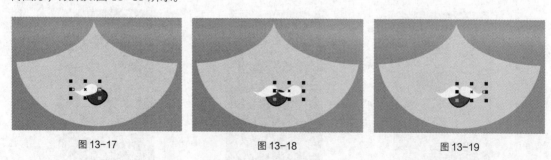

图 13-17　　　　　　图 13-18　　　　　　图 13-19

（9）选择"椭圆形"工具 ○，在适当的位置绘制一个椭圆形，如图 13-20 所示。单击属性栏中的"转换为曲线"按钮 ↻，将图形转换为曲线，如图 13-21 所示。

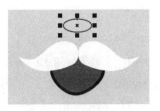

图 13-20

图 13-21

（10）选择"形状"工具 ⬚，选中并向下拖曳椭圆形下方的节点到适当的位置，效果如图 13-22 所示。选择"选择"工具 ⬚，设置图形颜色的 CMYK 值为 0、40、40、0，填充图形，并去除图形的轮廓线，效果如图 13-23 所示。

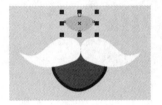

图 13-22

图 13-23

（11）选择"椭圆形"工具 ⬚，按住 Ctrl 键的同时，在适当的位置绘制一个圆形，如图 13-24 所示。设置图形颜色的 CMYK 值为 0、60、60、40，填充图形，并去除图形的轮廓线，效果如图 13-25 所示。

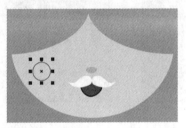

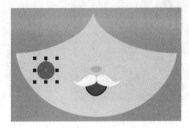

图 13-24

图 13-25

（12）使用"椭圆形"工具 ⬚，再绘制一个椭圆形，设置图形颜色的 CMYK 值为 0、40、0、0，填充图形，并去除图形的轮廓线，效果如图 13-26 所示。

（13）选择"选择"工具 ⬚，按住 Shift 键的同时，单击上方椭圆形将其同时选取，如图 13-27 所示，按数字键盘上的+键，复制图形。按住 Shift 键的同时，水平向右拖曳复制的图形到适当的位置。单击属性栏中的"水平镜像"按钮 ⬚，水平翻转图形，效果如图 13-28 所示。

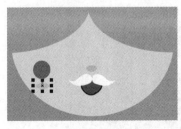

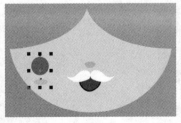

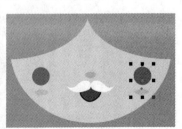

图 13-26

图 13-27

图 13-28

2. 添加产品信息

（1）选择"文本"工具**字**，在页面中分别输入需要的文字，选择"选择"工具 ，在属性栏中分别选取适当的字体并设置文字大小，填充文字为白色，效果如图 13-29 所示。选取英文"MILK"，选择"文本 > 文本属性"命令，在弹出的"文本属性"泊坞窗中进行设置，如图 13-30 所示；按 Enter 键，效果如图 13-31 所示。

图 13-29　　　　　　　　　　　图 13-30　　　　　　　　　　图 13-31

（2）按 Ctrl+Q 组合键，将文本转换为曲线，如图 13-32 所示。选择"形状"工具 ，用圈选的方法将文字下方需要的节点同时选取，如图 13-33 所示，向下拖曳选中的节点到适当的位置，效果如图 13-34 所示。

图 13-32　　　　　　　　　　　图 13-33　　　　　　　　　　图 13-34

（3）选择"文本"工具**字**，在适当的位置输入需要的文字，选择"选择"工具 ，在属性栏中选取适当的字体并设置文字大小，单击"将文本更改为垂直方向"按钮 ，更改文字方向，填充文字为白色，效果如图 13-35 所示。

（4）选择"文本"工具**字**，在适当的位置分别输入需要的文字，选择"选择"工具 ，在属性栏中分别选取适当的字体并设置文字大小，单击"将文本更改为水平方向"按钮 ，更改文字方向，填充文字为白色，效果如图 13-36 所示。

图 13-35　　　　　　　　　　　　　　　　　　图 13-36

（5）选择"贝塞尔"工具 ，在适当的位置绘制一个不规则图形，如图 13-37 所示。设置图形颜色的 CMYK 值为 63、82、100、51，填充图形，并去除图形的轮廓线，效果如图 13-38 所示。

（6）选择"文本"工具 **字**，在适当的位置输入需要的文字，选择"选择"工具 ，在属性栏中选取适当的字体并设置文字大小，填充文字为白色，效果如图 13-39 所示。

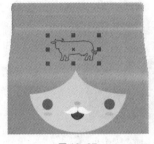

图 13-37

图 13-38

图 13-39

（7）选择"选择"工具 ，按住 Shift 键的同时，单击下方不规则图形将其同时选取，如图 13-40 所示，单击属性栏中的"合并"按钮 ，结合图形和文字，效果如图 13-41 所示。牛奶包装制作完成，效果如图 13-42 所示。

图 13-40

图 13-41

图 13-42

13.3 制作冰淇淋包装

13.3.1 案例分析

本案例是为冰淇淋制作的包装设计，要求传达出冰淇淋健康美味、为消费者带来快乐的特点，设计要求画面丰富，能够快速地吸引消费者的注意。

在设计制作过程中，包装使用传统的罐装，风格简单干净，使消费者感到放心；以可爱的儿童插画作为包装素材，突出宣传重点；蓝色的标题文字，在画面中突出显示，使得整个包装具有温馨可爱的画面感。

本案例将使用"矩形"工具、"椭圆形"工具、"贝塞尔"工具和"置于图文框内部"命令制作包装外形；使用多种图形绘制工具、"合并"按钮、"移除前面对象"按钮绘制卡通形象；使用"文本"工具、"文本属性"泊坞窗添加商品名称及其他相关信息；使用"椭圆形"工具、"转换为位图"命令和"高斯式模糊"命令制作阴影效果。

13.3.2 案例设计

本案例设计流程如图 13-43 所示。

绘制卡通形象　　　　　　　添加产品信息　　　　　　　最终效果

图 13-43

13.3.3 案例制作

1. 绘制卡通形象

2. 添加产品信息

课堂练习1——制作婴儿奶粉包装

【练习知识要点】

使用"贝塞尔"工具、"文本"工具、"形状"工具、"网状填充"工具和"阴影"工具制作装饰图形和文字；使用"渐变填充"工具和"矩形"工具制作文字效果；使用"渐变填充"工具、"椭圆形"工具和"透明度"工具制作包装展示图；效果如图 13-44 所示。

【效果所在位置】

云盘/Ch13/效果/制作婴儿奶粉包装.cdr。

图 13-44

课堂练习 2——制作牛奶包装

【练习知识要点】

使用"矩形"工具、"转换为曲线"命令和"形状"工具制作瓶盖图形；使用"转换为位图"命令和"高斯式模糊"命令制作阴影效果；使用"贝塞尔"工具制作瓶身；使用"文本"工具、"对象属性"泊坞窗和"轮廓图"工具添加宣传文字；效果如图 13-45 所示。

【效果所在位置】

云盘/Ch13/效果/制作牛奶包装.cdr。

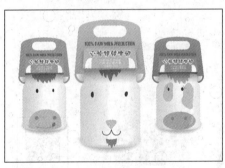

图 13-45

课后习题 1——制作化妆品包装

【习题知识要点】

使用"矩形"工具和"渐变填充"工具制作背景效果；使用"贝塞尔"工具、"透明度"工具和"置于图文框内部"命令制作瓶身；使用"矩形"工具、"椭圆形"工具、"贝塞尔"工具制作瓶盖；使用"矩形"工具、"文本"工具添加商标和宣传文字；效果如图 13-46 所示。

【效果所在位置】

云盘/Ch13/效果/制作化妆品包装.cdr。

图 13-46

课后习题 2——制作干果包装

【习题知识要点】

使用"贝塞尔"工具和"置于图文框内部"命令制作包装正面背景；使用"文本"工具添加包装的标题文字和宣传文字；使用"形状"工具调整文字间距；使用"高斯式模糊"命令和"透明度"工具制作包装高光部分；效果如图 13-47 所示。

【效果所在位置】

云盘/Ch13/效果/制作干果包装.cdr。

图 13-47

第 14 章
VI 设计

视觉识别系统（Visual Identity，VI）是企业形象设计的整合，它通过具体的符号将企业理念、文化特质、企业规范等抽象概念进行充分表达，以标准化、系统化的方式，塑造企业形象和传播企业文化。本章以迈阿瑟电影公司的 VI 设计为例，讲解基础系统和应用系统中各个项目的设计方法和制作技巧。

课堂学习目标

- ✔ 了解 VI 设计的概念
- ✔ 了解 VI 设计的功能
- ✔ 掌握整套 VI 的设计思路和过程
- ✔ 掌握整套 VI 的制作方法和技巧

14.1　VI 设计概述

在品牌营销的今天，VI 设计对现代企业非常重要。没有 VI 设计，就意味着企业的形象将淹没于商海之中，让人辨别不清；就意味着企业是一个缺少灵魂的赚钱机器；就意味着企业的产品与服务毫无个性，消费者对企业毫无眷恋；就意味着企业团队的涣散和士气的低落。VI 设计如图 14-1 所示。

  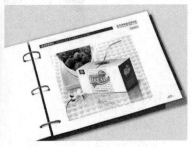

图 14-1

VI 设计一般包括基础和应用两大部分。

基础部分包括标志、标准字、标准色、标志和标准字的组合。

应用部分包括办公用品（信封、信纸、名片、请柬、文件夹等）、企业外部建筑环境（公共标识牌、路标指示牌等）、企业内部建筑环境（各部门标识牌、广告牌等）、交通工具（大巴士、货车等）、服装服饰（管理人员制服、员工制服、文化衫、工作帽、胸卡等）等。

14.2 迈阿瑟电影公司标志设计

14.2.1 案例分析

本案例是为迈阿瑟电影公司制作标志。迈阿瑟影业是从事电影制作、发行、影院投资、院线管理、广告营销、艺人经纪的影视集团。因此，在标志设计上要求体现出企业的经营理念、企业文化和发展方向；在设计语言和手法上要求以单纯、简洁、易识别的物像、图形和文字符号进行表达。

在设计制作过程中，通过多种不同颜色的渐变色块来体现出公司涉及的业务范围全而广，表现出公司不断成长、不断创新的经营理念；中心图形 M 的设计，醒目直观，辨识度极高；整个标志设计简洁明快，主体清晰明确。

本案例将使用"选项"对话框添加水平和垂直辅助线；使用"矩形"工具、"转换为曲线"命令、"形状"工具和"渐变填充"按钮制作标志图形；使用"文本"工具和"文本属性"泊坞窗制作标准字。

14.2.2 案例设计

本案例设计流程如图 14-2 所示。

制作标志

添加标准字 　　　　最终效果

图 14-2

14.2.3 案例制作

1. 制作标志

（1）按 Ctrl+N 组合键，弹出"创建新文档"对话框，设置文档的宽度为 78 mm，高度为 78 mm，取向为横向，原色模式为 CMYK，渲染分辨率为 300 像素/英寸，单击"确定"按钮，创建一个文档。

（2）按 Ctrl+J 组合键，弹出"选项"对话框，选择"辅助线/水平"选项，在文本

扫码观看
本案例视频

框中输入数值为 0，如图 14-3 所示；单击"添加"按钮，添加一条水平辅助线。用相同的方法在
13 mm、26 mm、39 mm、52 mm、65 mm、78 mm 处添加 6 条水平辅助线，单击"确定"按钮，
如图 14-4 所示。

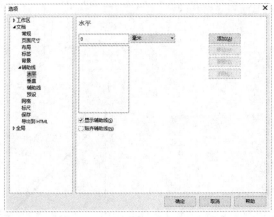
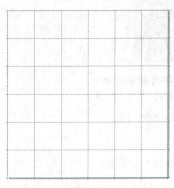

图 14-3   图 14-4

（3）按 Ctrl+J 组合键，弹出"选项"对话框，选择"辅助线/垂直"选项，在文本框中输入数
值为 0，如图 14-5 所示；单击"添加"按钮，添加一条垂直辅助线。用相同的方法在 13 mm、
26 mm、39 mm、52 mm、65 mm、78 mm 处添加 6 条垂直辅助线，单击"确定"按钮，效果如
图 14-6 所示。

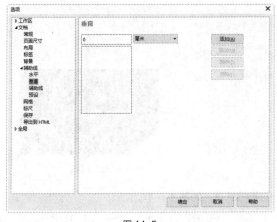

图 14-5   图 14-6

（4）选择"选择"工具，按住 Shift 键的同时，单击所有辅助线将其同时选取，如图 14-7 所
示。选择"对象 > 锁定 > 锁定对象"命令，锁定选取的辅助线。选择"视图 > 贴齐 > 辅助线"
命令，贴齐辅助线。选择"矩形"工具，在适当的位置绘制矩形，如图 14-8 所示。

（5）选择"对象 > 转换为曲线"命令，将矩形转换为曲线。选择"形状"工具，在适当的位
置双击鼠标添加节点，如图 14-9 所示。选取需要的节点，如图 14-10 所示，按 Delete 键将其删除，
如图 14-11 所示。

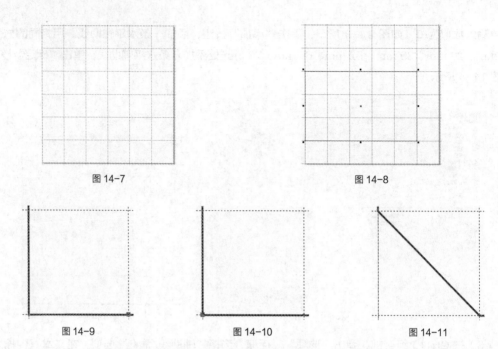

图 14-7   图 14-8

图 14-9   图 14-10   图 14-11

（6）按 F11 键，弹出"编辑填充"对话框，选择"渐变填充"按钮 ，将"起点"颜色的 CMYK 值设置为 0、100、100、70，"终点"颜色的 CMYK 值设置为 0、95、100、0，其他选项的设置如图 14-12 所示；单击"确定"按钮，填充图形，并去除图形的轮廓线，效果如图 14-13 所示。

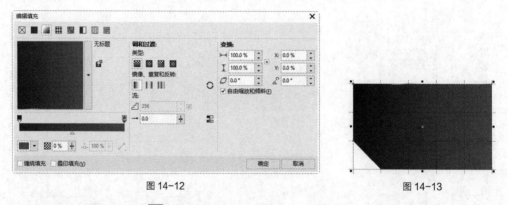

图 14-12   图 14-13

（7）选择"矩形"工具 ，在适当的位置绘制矩形，如图 14-14 所示。选择"对象 > 转换为曲线"命令，将矩形转换为曲线。选择"形状"工具 ，选取需要的节点，如图 14-15 所示，按 Delete 键将节点删除，如图 14-16 所示。

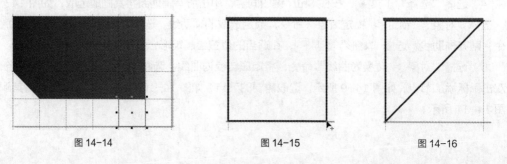

图 14-14   图 14-15   图 14-16

（8）按 F11 键，弹出"编辑填充"对话框，选择"渐变填充"按钮，将"起点"颜色的 CMYK 值设置为 0、95、100、0，"终点"颜色的 CMYK 值设置为 0、100、100、70，其他选项的设置如图 14-17 所示。单击"确定"按钮，填充图形，并去除图形的轮廓线，效果如图 14-18 所示。

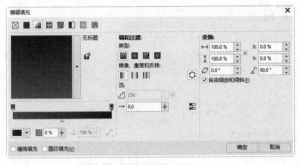

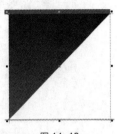

图 14-17   图 14-18

（9）选择"选择"工具，选取图形，按数字键盘上的+键，原位复制图形。选择"形状"工具，选取左下角的节点，将其向上拖曳到适当的位置，效果如图 14-19 所示。设置图形颜色的 CMYK 值为 0、100、100、70，填充图形，效果如图 14-20 所示。

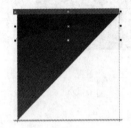

图 14-19   图 14-20

（10）选择"矩形"工具，在适当的位置绘制矩形，如图 14-21 所示。用上述方法调整右上角的节点，效果如图 14-22 所示。

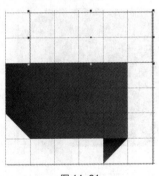

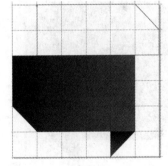

图 14-21   图 14-22

（11）按 F11 键，弹出"编辑填充"对话框，选择"渐变填充"按钮，将"起点"颜色的 CMYK 值设置为 50、0、100、0，"终点"颜色的 CMYK 值设置为 100、50、100、20，其他选项的设置如图 14-23 所示。单击"确定"按钮，填充图形，并去除图形的轮廓线，效果如图 14-24 所示。用相同的方法绘制其他图形并填充需要的颜色，效果如图 14-25 所示。

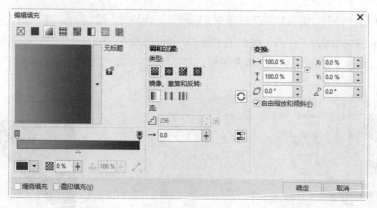

图 14-23

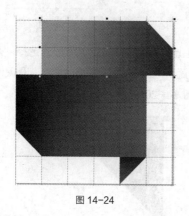

图 14-24

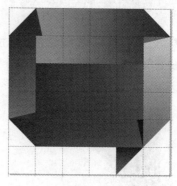

图 14-25

2. 制作标准字

（1）选择"文本"工具 字，在页面中输入需要的文字，选择"选择"工具 ，在属
性栏中选取适当的字体并设置文字大小，效果如图 14-26 所示。向右拖曳文字右侧中间
的控制手柄到适当的位置，调整其大小，效果如图 14-27 所示。

图 14-26

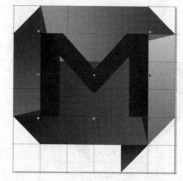

图 14-27

（2）选择"对象 > 转换为曲线"命令，将文字转换为曲线，如图 14-28 所示。选择"形状"工
具 ，选取需要的节点，如图 14-29 所示，将其拖曳到适当的位置，如图 14-30 所示。

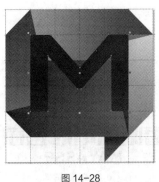

图 14-28

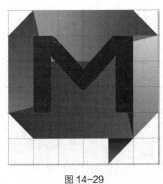

图 14-29

图 14-30

（3）用相同的方法分别选取需要的节点，并将其拖曳到适当的位置，效果如图 14-31 所示。在适当的位置双击，添加节点，如图 14-32 所示。

（4）将添加的节点拖曳到适当的位置，效果如图 14-33 所示。按住 Shift 键的同时，将需要的节点同时选取，按 Delete 键删除不需要的节点，效果如图 14-34 所示。

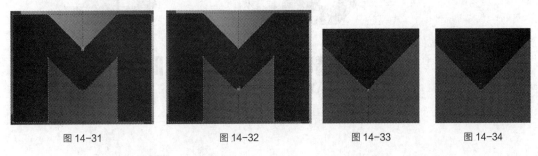

图 14-31　　　　　　　　图 14-32　　　　　　　图 14-33　　　　　　　图 14-34

（5）选择"选择"工具 ，选取文字，填充文字为白色，效果如图 14-35 所示。用圈选的方法将所有图形同时选取，按 Ctrl+G 组合键，组合图形，效果如图 14-36 所示。

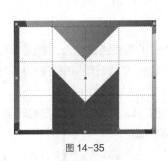

图 14-35

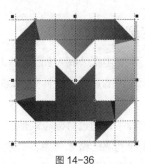

图 14-36

（6）选择"文本"工具 字 ，在适当的位置分别输入需要的文字，选择"选择"工具 ，在属性栏中分别选取适当的字体并设置文字大小，效果如图 14-37 所示。

（7）选取上方中文文字，选择"文本 > 文本属性"命令，在弹出的"文本属性"泊坞窗中进行设置，如图 14-38 所示；按 Enter 键，效果如图 14-39 所示。

（8）选取下方英文文字，在"文本属性"泊坞窗中进行设置，如图 14-40 所示；按 Enter 键，效果如图 14-41 所示。选择"视图 > 辅助线"命令，隐藏辅助线。迈阿瑟电影公司标志设计完成，效果如图 14-42 所示。

图 14-37

图 14-38

图 14-39

图 14-40

图 14-41

图 14-42

14.3 迈阿瑟电影公司 VI 设计

14.3.1 案例分析

本案例是为迈阿瑟电影公司 VI 设计基础部分。VI 是一个企业传播经营理念、建立知名度、塑造企业形象最快速而便捷的途径；设计要求规范且具有实用性，能将 VI 设计的基础部分和应用部分快速地分类总结。

在设计制作过程中，通过对标志规范、标准字体、标准色值、辅助图形等内容的编辑展示，树立公司整齐划一、干净利落的整体形象，有效地展现出品牌的精神面貌。

本案例将使用"矩形"工具、"文本"工具和"对象属性"泊坞窗制作模板；使用"复制属性"命令制作标注图标的填充效果；使用"矩形"工具、"2 点线"工具和"对象属性"泊坞窗制作预留空间框；使用"平行度量"工具标注最小比例；使用"调和"工具混合矩形制作辅助色。

14.3.2 案例设计

本案例设计流程如图 14-43 所示。

制作标志墨稿

制作标志反白稿

制作标志预留空间与最小比例限制

制作企业全称中文字体

制作企业标准色

制作企业辅助色

图 14-43

14.3.3 案例制作

1. 制作标志墨稿

2. 制作标志反白稿

3. 制作标志预留空间与最小比例限制

4. 制作企业全称中文字体

5. 制作企业标准色

6. 制作企业辅助色

课堂练习1——制作企业名片

【练习知识要点】

　　使用"矩形"工具绘制名片；使用"文本"工具、"对象属性"泊坞窗添加名片信息；使用"平行度量"工具对名片进行标注；效果如图 14-44 所示。

图 14-44

【效果所在位置】

云盘/Ch14/效果/迈阿瑟电影公司 VI 设计应用部分.cdr。

课堂练习 2——制作企业信纸

【练习知识要点】

使用"矩形"工具、"2 点线"工具绘制信纸；使用"文本"工具、"对象属性"泊坞窗添加信纸内容；使用"平行度量"工具对信纸进行标注；效果如图 14-45 所示。

【效果所在位置】

云盘/Ch14/效果/迈阿瑟电影公司 VI 设计应用部分.cdr。

图 14-45

课后习题 1——制作五号信封

【习题知识要点】

使用"矩形"工具、"再制"命令、"转角半径"选项、"转换为曲线"命令和"形状"工具绘制信封；使用"文本"工具、"对象属性"泊坞窗添加信封内容；使用"平行度量"工具对信封进行标注；效果如图 14-46 所示。

图 14-46

【效果所在位置】

云盘/Ch14/效果/迈阿瑟电影公司 VI 设计应用部分.cdr。

课后习题 2——制作传真纸

【习题知识要点】

使用"2 点线"工具、"对齐与分布"泊坞窗绘制传真纸；使用"文本"工具添加传真纸信息；使用"平行度量"工具对传真纸进行标注；效果如图 14-47 所示。

【效果所在位置】

云盘/Ch14/效果/迈阿瑟电影公司 VI 设计应用部分.cdr。

图 14-47

课后习题 3——制作员工胸卡

【习题知识要点】

使用"矩形"工具、"转角半径"选项、"再制"命令、"渐变填充"按钮、"椭圆形"工具、"移除前面对象"按钮和"合并"按钮绘制员工胸卡；使用"文本"工具、"对象属性"泊坞窗添加胸卡信息；效果如图 14-48 所示。

【效果所在位置】

云盘/Ch14/效果/迈阿瑟电影公司 VI 设计应用部分.cdr。

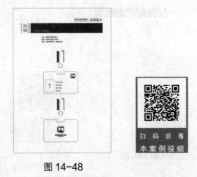

图 14-48